本研究获得"现代农业产业技术体系北京市家禽创新团队建设项目"资助出版

禽产品品质及其
货架期预测研究

刘 雪 刘 娇 钟蒙蒙 著

中国农业科学技术出版社

图书在版编目（CIP）数据

禽产品品质及其货架期预测研究 / 刘　雪，刘　娇，钟蒙蒙著 . —北京：中国农业科学技术出版社，2018.1

ISBN 978-7-5116-3443-6

Ⅰ.①禽… Ⅱ.①刘… ②刘… ③钟… Ⅲ.①禽类—农产品—质量控制—研究 Ⅳ.①TS251.7

中国版本图书馆 CIP 数据核字（2017）第 321200 号

责任编辑	张孝安　崔改泵
责任校对	马广洋
出 版 者	中国农业科学技术出版社
	北京市中关村南大街12号　　邮编：100081
电　　话	（010）82109708（编辑室）（010）82109702（发行部）
	（010）82109709（读者服务部）
传　　真	（010）82106626
网　　址	http: // www.castp.cn
经 销 者	全国各地新华书店
印 刷 者	北京富泰印刷有限责任公司
开　　本	710mm×1 000mm　1/16
印　　张	12.5
字　　数	220千字
版　　次	2018年1月第1版　　2018年1月第1次印刷
定　　价	60.00元

前 言
PREFACE

随着我国经济快速发展和消费者营养健康意识的不断提高，禽产品在居民饮食中的比重逐步上升。鸡蛋含有丰富的蛋白质、脂肪、胆固醇、氨基酸等人体所必须的营养物质，是我国居民膳食的主要蛋白质来源之一。自1985年以来，我国鸡蛋产量已连续位居世界第一，我国不仅是世界鸡蛋第一大生产国，同时，也是世界鸡蛋第一消费大国；相比红肉（牛肉、羊肉和猪肉），鸡肉具有高蛋白、低脂肪和含较高的不饱和脂肪酸等多种营养物质的特点，并被美国哈佛公共学院推出的"健康餐盘"列为健康蛋白质的来源。经济合作与发展组织（OECD）预测未来十年禽产品的年增长率为2.4%。随着人们对生活质量要求的提高以及我国庞大的人口基数，鸡肉的消费量将逐渐增加。目前我国禽肉市场上初加工鸡肉产品主要有热鲜鸡肉、冰鲜鸡肉和冷冻鸡肉三种。与冷冻鸡肉、热鲜鸡肉相比，冰鲜鸡肉不仅在口感、风味、新鲜度以及营养成分等方面都具有优势，而且在卫生安全上也更加方便管理，具有良好的市场发展前景。

作为易腐食品之一，不管是鸡蛋还是鸡肉，在加工、储存、运输和销售等流通过程中都有可能受到温度、湿度等环境条件的影响而受到微生物的污染，发生腐败变质。不仅危害消费者的健康，也给企业造成经济损失。随着消费者食品安全意识的日益提高，政府相关部门和企业对食品安全的重视，禽产品的品质及货架期受到越来越多的关注。在购买禽产品时不仅要求营养、安全，还要求有较良好的感官特性。货架期是消费者判断禽产品品质的重要依据，同时也是企业确保产品质量、销售等方面的重要根据，如何科学、有效地测算和预测禽产品货架期对提高企业竞争力和保护消费者权益具有十分重要的意义。

计算机和信息技术，尤其是无线传感和通讯技术的快速发展及其在工业、农业、军事、城市管理、建筑物监控等领域广泛应用，为禽产品质量与货架期的智能化预测和高效管理提供了可靠的技术支持。

基于以上分析，本研究在分析禽产品的物流状况和过程及其品质影响因素、分析禽产品品质变化机理的基础上，通过实验模拟的方法，测定物流过程中禽产品的品质变化情况，构建禽产品货架期预测模型，设计并开发了禽产品货架期预测系统以期实现禽产品品质的智能化管理。

本研究是北京市农业局财政项目"现代农业产业技术体系北京市家禽创新团队建设项目"的研究成果，在此对项目组织者与参与者表示感谢！

最后，感谢中国农业科学出版社对本书出版给予的帮助和支持！

著　者
2017年10月

CONTENTS|目录|

上篇　壳蛋品质及其货架期预测研究

下篇　冰鲜鸡肉物流温度监测与货架期预测管理

上篇

壳蛋品质及其货架期预测研究

第一章 绪论

第一节 关于壳蛋及其货架期预测研究的由来

一、问题的提出

鸡蛋含有丰富的蛋白质、脂肪、胆固醇、氨基酸等人体必须的营养物质，是我国居民膳食的主要蛋白质来源之一。我国是世界鸡蛋生产第一大国，鸡蛋产量已连续28年位居世界第一。2015年，我国的鸡蛋产量为2 549万吨，占世界鸡蛋产量的45%，比2000年的1 884.37万吨增加了35%。同时，我国也是世界鸡蛋第一消费大国，2015年，我国鸡蛋消费量为2 554万吨，比2000年的2 204万吨增长了15.88%（中国畜牧兽医年鉴2016）。我国壳蛋消费量占鸡蛋产量的90%（马美湖，2006），鸡蛋消费形式主要以壳蛋为主。与美国蛋制品消费量约为鸡蛋总消费量的60%、日本约为50%、欧洲约为28%相比，我国的蛋制品加工还处于初步发展阶段。

作为易腐食品之一，在收集、清洗、消毒、包装、存储、运输及销售等物流环节中，壳蛋受微生物侵入、振动、贮藏温度等影响，并发生壳蛋品质的衰变。我国壳蛋的主产区和主消费区差异较大，大部分省市的壳蛋需从其他省市流入，壳蛋的运输时间和运输距离大大增加。长距离运输大大降低了壳蛋的品质、严重缩短了壳蛋的销售期。

网络技术和GIS技术的不断发展为壳蛋质量和货架期管理提供了有力的技术支撑。GIS技术不仅可以使壳蛋物流过程中所涉及的企业位置信息、企业经营产品信息、保鲜措施、壳蛋流向等信息在地图上直观展示，而且能及时更新壳蛋流通信息以供壳蛋养殖企业及相关部门实时了解壳蛋的物流状况。将GIS技术应用于壳蛋质量及其货架期管理中可以实现在发生壳蛋品质不适于食用时快速确定壳蛋物流过程中涉及的企业，以便企业及相关部门及时采取相应措施，及时回收不适于食用的壳蛋，更好地保障消费者权益及提高消费者的信心。

二、研究的意义

基于以上分析，如何判断壳蛋在物流过程中各因素对壳蛋品质变化的影响，预测壳蛋货架期对提高企业竞争力和保护消费者权益具有十分重要的意义。结合北京市农业局财政项目"现代农业产业技术体系北京市家禽创新团队建设专项资金资助（京农发〔2012〕62号）"，本研究首先分析了壳蛋的物流状况及物流过程中的品质影响因素，通过实验模拟的方法，测定物流过程中壳蛋的品质变化情况，选用BP神经网络模型构建壳蛋货架期的预测模型，设计了基于WebGIS壳蛋货架期预测系统，以期提高蛋鸡养殖企业的企业竞争力、保障消费者权益、实现壳蛋品质的智能化、信息化管理。

第二节　国内外研究综述

本研究涉及食品货架期影响因素、食品货架期预测模型、GIS在物流中的应用、鸡蛋流通模式、鸡蛋保鲜技术等几方面的内容，因此本节从这些方面进行国内外的相关文献分析，通过综述探讨与本研究相关的研究方法以及理论模型，在此基础上梳理研究思路和方法，为后文的研究和分析提供理论基础。

一、食品货架期的相关研究

1. 货架期概念

货架期的概念始于1927年。《牛津英语词典》中货架期定义为：商品在不适于食用或消费前的存储时间。《美国传统字典》中货架期为食品类商品有效、可食用、适于消费的存储时间。英国食品科学与技术学会（IFST）定义为：当食品贮藏在合适的条件下，其感官特性、理化特性、微生物含量及品质安全达到相应要求的保持其营养价值的时间长短（R.Cadwallader K，2003）。

基于以上分析，货架期的概念包含以下含义：

第一，食品是安全、可食用、可销售的。

第二，食品自生产至到达销售者手中期间内，其品质在可接受范围内。

第三，食品自生产至到达销售者手中的时间与食品标明的保质期吻合（余亚英，2007）。

2. 食品货架期的影响因素研究

影响食品货架期的因素很多，主要包括微生物、温度、振动等（冯敏，2005）。

微生物对食品货架期的影响的研究很多：宋晨（2010）开展了假单胞菌、酵母菌、霉菌等微生物的生长繁殖对冷冻食品货架期的影响研究；熊振海等人（2014）研究了假单胞菌、乳酸菌、酵母菌等微生物的生长繁殖对冷却牛肉货架期的影响；许忠等人（2005）研究了假单胞菌等微生物的生长繁殖速度对罗非鱼货架期的影响；李苗云（2003）对冷却猪肉货架期的假单胞菌、气单胞菌、莫拉氏菌、葡萄球菌等微生物的生长繁殖对冷却猪肉的货架期的影响进行了研究。

温度通过影响食品内部酶的活性、微生物的生长繁殖速率，影响食品的货架期。具体表现为：油菜周围环境中的温湿度条件对其呼吸作用、蒸腾作用影响较大，改变油菜的品质衰变速率，影响其货架期（侯军，2010）；温度通过影响苹果的呼吸速率及蒸腾作用，加快苹果的水分流失，影响其货架期（樊景超，2011）；柑橘存储的温度通过影响柑橘的呼吸速率，对柑橘的货架期有明显的影响作用（Paul V，2011）；贮藏温度通过对黄金梨呼吸强度的影响，影响其货架期（申春苗，2010）；翠冠梨周围环境中的温度通过影响其水分散发速率，影响其货架期（黄雯，2011）；猪肉存储、运输和销售过程中，温度通过影响猪肉中微生物繁殖速度，影响猪肉的货架期（刘寿春，2012）。

振动对食品货架期的影响主要表现为：钱龙等（2010）研究表明运输过程中由振动引起的机械损伤是杏品质衰败的主要因素，经长距离运输后3天杏失去商业价值；刘华英等人（2012）通过对库车小白杏运输过程中振动对小白杏品质影响的研究，结果表明，振动对库车小白杏的硬度、维生素C含量、呼吸强度有较大影响，振动频率及振动时间与小白杏品质衰变速率成正相关；陈萃仁（1997）研究表明，草莓运输过程中的振动强度、振动时间对草莓品质影响较大；官晖（2009）通过对运输过程中振动强度对河套蜜瓜品质影响的研究表明振动对河套蜜瓜的呼吸速率、组织细胞膜的渗透率影响较大，缩短其贮藏期；Berardinelli等（2003）研究表明50~65Hz的振动频率下壳蛋的品质较未受振动的壳蛋呈现显著下降的趋势。

3. 食品货架期延长技术的研究

为了尽可能地延长食品的贮存时间，国内外学者研究了多种食品保鲜技术：林顿等（2014）通过结合微冻和气调包装两种保鲜技术对兰溪花猪肉进行保鲜处理，研究表明微冻结合$60\%O_2+40\%CO_2$的保鲜方法可将猪肉货架期延长至24天；罗自生（2014）通过研究纳米二氧化钛/大豆分离蛋白（NTSPI）涂膜下冷藏草鱼品质变化情况，结果表明该方法可有效将冷藏草鱼货架期延长2～3天；黎柳等（2015）通过对植酸、茶多酚保鲜剂对鲳鱼的品质影响研究表明茶多酚涂膜保鲜方法可有效将鲳鱼货架期延长11天左右；顾凤兰等人（2015）通过3种涂膜处理对鸡蛋保鲜效果的对比分析，表明纳米α-Fe_2O_3功能改性聚乙烯醇基蜂蜡复合材料保鲜效果最好，可将鸡蛋货架期延长21天；何艾等（2015）研究了不同浓度壳聚糖与气调保鲜结合处理对杧果品质的影响，结果表明0.75%壳聚糖与气调包装结合保鲜效果最佳，能延长杧果货架期至15天；王鹏跃等（2014）通过对不同比例混合的包装气体对椪柑品质的影响研究，结果表明，$5\%O_2+3\%CO_2+92\%N_2$下椪柑品质保鲜效果最好。

4. 食品货架期预测模型研究

近年来，国内外有关货架期预测模型的研究主要集中于以温度为基础的动力学模型、微生物生长动力学模型、人工神经网络模型和支持向量机模型等。

以温度为基础的货架期预测模型的研究主要集中于Arrhenius方程、WLF（Williams–Landel–Ferry）方程、Z值模型法等。其中，Arrhenius方程得以广泛应用：基于蔬菜叶绿素，酚类物质含量，酶活性，维生素C含量等指标建立的蔬菜货架期预测模型（张利平，2012）；基于鸡蛋质量、蛋黄系数和气室高度等鸡蛋品质指标所构建的基于Arrhenius方程的鸡蛋货架期预测模型（于滨，2012）。王晓兰（2006）等人将加速预测模型与产品货架期预测的质量损失模型和反应动力学模型相结合，大大提高了预测精度。

目前大多数的预测模型是微生物为品质指标，使得微生物生长的动力学模型得以广泛应用。李志勇等（2001）对牛奶货架期与牛奶细菌数对数值进行二次回归，表明牛奶细菌数对数值与货架期密切相关，有效地预测了牛奶的货架期；张立奎等（2004）建立了生菜中微生物腐败的动力学模型，实现了货架期预测；Galindo等（2005）建立代谢热量与微生物生长时间的模型，实现了货架期预测；肖琳琳等人（2005）提出了运用SSO（specific spoilage organism特定腐败机体）生长动力学模型预测货架期；Shorten等（2004）建立了蔬菜的微生物生长模型，预测了蔬菜的货架期；李军等（2004）运用Ratkowsky扩展模型对不同温度、pH

值和水分活度下鲜榨苹果汁货架期进行快速预测；Lukasse（2003）根据颜色演变模型和温度依赖关系，运用莫诺系统动力学模型进行货架期预测。

人工神经网络（artificial neural network，ANN），简称神经网络（neural network，NN），是一种模仿生物神经网络的结构和功能的数学模型或计算模型。Siripatrawan（2008）运用神经网络中的MLP（multilayer perceptrons多层感知器）运算法则，将食品属性，包装因素以及贮藏环境等多种因素整合到一个模型中，根据衰退系数和均方差得出来各个因素的权重，得出预测结果。

支持向量机SVM（Support vector Machine）是解决非线性分类、函数估算、密度估算等问题的有效手段。杨延西等（2011）采用小波变换和最小二乘支持向量机混合模型进行电力系统短期负荷预测，大大提高了预测精度；曾杰等（2009）通过对最小二乘支持向量机短期风速预测中且与神经网络方法、支持向量机方法的对比分析，表明所构建模型预测精度和运算速度最高。

此外，Nielsen等（1997）运用逐步多次回归和主成分分析法建立了中热型全脂奶粉的货架期预测模型。刘晓丹（2006）利用STATISTICA软件对番茄货架期的因子进行分析，确定主成分因子（品质因子），将理化因子和感官因子进行皮尔逊积矩相关分析，依据感官因子对货架进行预测。

5. 食品货架期预测系统的研究

随着信息化技术的不断发展，目前关于食品货架期预测系统的研究也取得了很大的研究进展：杨宪时等（2006）以Visual Basic为程序编写工具，设计并实现了养殖鱼类货架期预测系统，实现了罗非鱼新鲜度和剩余货架期的实时、可靠预测；吴国金等（2009）以Visual Basic为程序语言，以腐败希瓦氏菌生长动力学模型为货架期预测模型，实现了冰鲜大黄鱼的新鲜度、剩余高品质期和货架期的快速、可靠预测；菅宗昌等（2013）以Visual Basic和SQL Server为开发工具，设计并实现了食品防潮包装货架期系统，实现了货架期的快速预测；王明等（2013）将Contiki系统嵌入到Web服务中，设计了水产品货架期监测系统，实现了快速、高效率的水产品货架期预测和实时警报等功能；Qi等（2014）基于无线传感器网络（WSN）技术设计并实现了食品冷链运输中的货架期预测决策支持系统，系统测试和评估结果表明该系统能准确预测食品货架期，满足消费者的需求；Koutsoumanis等（2002）研究以微生物生产动力学模型为货架期预测模型，设计并实现海产鱼的货架期决策系统，系统应用表明该系统有效地实现货架期预测。

二、GIS在物流中的应用研究

随着GIS技术的日渐成熟，GIS在物流中得到了广泛的应用，包括物流中心选址、最优路径选取、安全可追溯等方面。

潘开灵等人（2014）对GIS技术在物流中心选址研究、车辆运输配送调度管理研究和信息系统集成优化的研究进行了介绍，总结了GIS技术应用研究存在的问题及发展趋势；张席洲（2005）通过对空间查询、空间分析、网络分析等GIS功能在物流中心选址中的应用研究，表明了GIS功能在物流中心选址中的应用优势；祁向前（2008）研究了商业选址影响因素，并采用GIS空间分析功能实现其对多要素指标的综合分析及GIS选址方案的确定；易鸿杰等人（2014）将层次分析法及广义最短路径结合实现GIS选址的优化；乐国友、贺政纲等人（2013）通过对基于重心法、GIS的单设施选址对比分析，表明了GIS技术在选址中的优势。

缪小红（2010）基于GIS研究了生鲜食品冷链物流配送路径优化，以满足易腐食品配送时间和配送质量的要求，尽可能避免交通堵塞等一系列不确定因素；刘钊等人（2012）基于食品应急物流运作经验及GIS，建立了突发事件中食品应急物流响应模型，以期食品应急物流快速响应同时保证应急食品质量；纪志鹏（2012）通过云GIS与物流结合，并基于Dijkstra算法及A*算法构建了物流配送最短路径算法；陈冰岩（2012）研究了GIS环境下蚁群算法在最优路径选取中的应用；于德新等人（2011）在分析重大灾害条件下节点数量对于道路可靠性以及最优路径选取的影响的基础上，对重大灾害条件下Dijkstra算法进行改进，基于GIS技术实现了最优路径选取；苏醒（2013）将GIS技术与遗传算法、爬山算法、蚁群算法等结合实现最优路径选取；Wee-kit（2001）研究了遗传算法与禁忌算法混合的启发式算法结合，基于GIS实现最优路径选取。

杨信廷等人（2011）综合采用GIS、GPS、条码扫描技术和无线通信技术实现配送过程信息的快速采集与过程追溯；钱建平等人（2012）利用粗糙集方法，构建了农产品质量安全事件等级评价模型；设计与实现了农产品质量安全应急管理系统；张土前（2012）基于RFID与WebGIS技术实现了阿克苏苹果的追溯；江晓东（2011）基于WebGIS技术及编码技术实现了茶叶质量安全追溯；方俊（2011）从农产品安全生产、流通、监督、检测等环节出发对农产品质量检测实行全程监控，实现农产品追溯、查询及预警分析；邓勋飞等人（2009）通过在农产品生产中建立产地编码体系，将GIS技术与编码体系相结合实现了农产品安全生产溯源；钱丽丹（2013）通过信息化技术及WebGIS技术实现名优农特产品的生产全程信息化跟踪管理、技术指导和信息服务，保证农产品质量安全。

三、有关鸡蛋物流的研究

有关鸡蛋物流的研究主要包括：鸡蛋生产、鸡蛋消费、鸡蛋流通模式和鸡蛋保鲜技术等方面。

杨东群等人（2013）通过对美国、欧盟主产国和日本的鸡蛋生产及贸易现状的对比分析，提出加强科技创新，降低生产成本，稳定鸡蛋价格，加强蛋鸡全生产链品质控制等我国蛋鸡产业发展建议；胡定寰（1996）利用多元回归分析和投入—产出函数等定量分析方法研究了生产过程中各生产投入要素对北京市鸡蛋产出的影响；白丹（2012）研究了齐齐哈尔市不同蛋鸡养殖规模的成本效益分析，指出了现阶段鸡蛋生产的不足及改进措施；王成新（2007）对国内品牌鸡蛋的生产与市场现状进行了分析；郑长山等人（2013）通过对土鸡蛋生产现状的分析，指出专业化、标准化生产是土鸡蛋生产的必然发展趋势；杨占虎等人（2012）研究了鸡蛋生产的品质与效益的关系，表明提高鸡蛋的品质、鸡蛋生产的投入产出比是树立鸡蛋品牌，实现蛋鸡养殖效益的稳定和提高的有效途径。

朱宁等人（2012）通过对影响城镇居民鸡蛋消费主要因素的定量分析表明，鸡蛋的市场价格、相关牛肉和鸡肉商品的价格、家庭人口规模、人口结构等是影响城镇居民鸡蛋消费的主要因素；卞琳琳等人（2014）基于鸡蛋消费基本情况、影响消费者鸡蛋购买行为等因素研究了城镇居民鸡蛋消费行为；王静怡（2015）通过对鸡蛋消费的影响因素的回归分析，表明鸡蛋消费量与鸡蛋消费习惯、替代品猪肉的价格均有相关关系；林竟雨等人（2012）采用统计研究方法，对北京市城镇居民品牌鸡蛋的消费量、消费支出、购买频率、购买渠道及品牌偏好等进行系统分析，提出品牌鸡蛋的发展建议；吕玲（2015）对国内外蛋品产业发展现状及消费趋势的研究分析，提出了现阶段我国蛋鸡产业以及蛋品加工行业的发展建议。

我国鸡蛋的流通模式主要包括"批发市场+农户"、"公司+农户"和"产销一体化"3种模式（冯世彬，2011）。《我国禽蛋流通模式评价研究》通过对"批发市场+农户"、"公司+农户"和"产销一体化"鸡蛋流通模式的研究表明"批发市场+农户"模式一定程度上减缓了鸡蛋品质的衰变；冯仕彬（2011）通过对"批发市场+农户"、"公司+农户"和"产销一体化"3种典型流通模式进行对比分析，表明我国鸡蛋的主要流通模式"批发市场+农户"模式下的鸡蛋流通份额逐渐下降；李亮科等人（2013）通过对北京鸡蛋的流通结构分析表明，北京市的鸡蛋主要流通渠道为大型批发市场为核心的流通渠道。

壳蛋具有易腐特性，为了延长壳蛋的贮存时间，目前常用的保鲜贮存技术包括冷藏法、气调法、涂膜法、浸泡法和辐射灭菌法等（宁欣，2016）。

四、文献评述

从上述的文献分析可以看出，国内外关于货架期概念、货架期影响因素、保鲜技术、食品货架期预测模型等方面的研究较多。国内相关理论的研究集中在保鲜技术、货架期预测模型等方面，取得了较大的进展，为本研究奠定了基础。目前的研究对壳蛋物流过程中的货架期预测管理还存在一定的改进余地。

第一，目前学术界对食品货架期的相关研究较为成熟，对食品货架期预测模型、货架期影响因素的研究可为物流过程中壳蛋货架期研究提供支撑。

第二，有关壳蛋研究多集中于市场供需结构、"批发市场+农户"、"公司+农户"和"产销一体化"3种流通模式及3种模式的对比分析、壳蛋保鲜技术等方面，对壳蛋物流过程中品质影响因素具体分析的研究鲜有见到。

第三，关于壳蛋品质预测信息化管理及GIS在壳蛋物流过程中应用的研究较少。壳蛋品质智能预测系统是壳蛋货架期管理发展的必然趋势。

鉴于上述的三方面结论，确定壳蛋物流过程中的品质影响因素、研究物流过程中壳蛋品质的变化情况并构建货架期预测模型、实现壳蛋货架期预测信息化对于保障壳蛋的品质、提高企业竞争力和消费者权益具有十分重要的意义。

第三节　研究目标与内容

一、研究目标

本研究旨在分析壳蛋物流过程中的品质影响因素及实现货架期预测。在分析我国壳蛋的流通量、存储运输状况的基础上，对不同流通模式下的壳蛋物流流程及物流过程中的壳蛋品质影响因素进行分析；基于BP神经网络模型构建物流过程中壳蛋货架期的预测模型，以预测物流过程中壳蛋品质状况；设计基于WebGIS的壳蛋货架期预测系统，以提高企业的壳蛋品质管理效率，保障消费者的饮食安全，增强其竞争力，促进市场生产及消费的协调。

二、研究内容

1. 物流过程中壳蛋品质影响因素分析

通过对我国壳蛋的产量、消费量及流通量分析的基础上，分析壳蛋主要流通模式下的物流流程、壳蛋物流标准。依据物流过程中壳蛋品质变化机理，分析物流过程中壳蛋品质影响因素。

2. 壳蛋货架期预测模型构建

通过对比分析选取合适的保鲜技术、保鲜气体及壳蛋品质评价的指标，通过测定壳蛋理化指标的模拟实验获取物流过程中壳蛋品质的变化情况。结合BP神经网络构建不同保鲜技术下壳蛋的货架期预测模型，并基于实验数据进行模型的验证，实现壳蛋货架期预测模型构建。

3. 基于WebGIS的壳蛋货架期预测系统设计与开发

依据软件工程的开发方法，将WebGIS技术应用于系统构建过程中，构建系统结构、功能模块、系统软件平台，设计壳蛋货架期预测系统，实现知识查询、流向查询、物流管理、货架期预测、预测结果分析等功能。

第四节　研究方法与技术路线

一、研究方法

通过文献分析及实地调查相结合的方法，基于实验所得数据及相关研究建立壳蛋货架期预测模型、决策支持模型，实现壳蛋货架期预测。运用软件工程学的方法，完成系统的设计。

依据对货架期预测模型优缺点的分析，选取BP神经网络模型作为货架期预测模型，在不同保鲜技术下壳蛋品质影响因素及指标为变量，运用Matlab软件实现货架期预测模型的构建，获得不同模式下BP神经网络模型的权值及阈值，进行模型验证。

基于四叉树构建决策支持模型，在不同保鲜技术下壳蛋品质由A级降为B级的剩余货架期为决策树结点，综合壳蛋货架期的预测结果、结点设置及决策标准，实现对不同保鲜技术下壳蛋货架期预测结果的分析。

二、技术路线

第一步，文献分析。搜集有关食品货架期影响因素、食品货架期预测模型、鸡蛋流通模式、保鲜技术、GIS在物流中的应用等相关文献，重点查找鸡蛋流通模式、保鲜技术、货架期预测模型方面的研究。把握国内外研究的发展现状，吸收前人研究经验，为壳蛋物流过程中货架期预测的研究做好理论准备。

第二步，进行壳蛋物流流程及品质影响因素分析。对我国壳蛋流通状况的分析，结合我国壳蛋的流通模式，对主要流通模式下的壳蛋物流流程进行分析，确定壳蛋物流过程中的品质影响因素。

第三步，构建物流过程中壳蛋货架期预测模型。通过对壳蛋货架期预测模型的对比分析选取BP神经网络作为货架期预测模型，选取合适的模型输入输出参数、壳蛋保鲜技术和保鲜气体，基于模拟所得壳蛋物流过程中品质变化数据，构建物流过程中的壳蛋货架期预测模型。

第四步，基于WebGIS的壳蛋货架期预测系统的设计和实现。设计壳蛋货架期决策支持模型，以模型为基础，搭建系统开发环境，设计集壳蛋物流配送车辆调度与监测、货架期预测、预测结果分析为一体，具有壳蛋物流管理、壳蛋流向信息可视化展示及壳蛋货架期预测等功能的壳蛋货架期预测系统。

最后，结论与展望。总结研究结论，并针对研究中尚存在的不足提出研究展望。

壳蛋品质及其货架期预测研究技术路线如图1-1所示。

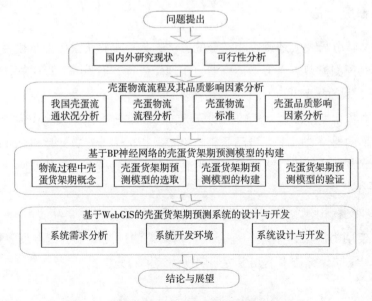

图1-1　壳蛋品质及其货架期预测研究技术路线

第二章 壳蛋物流流程及其品质影响因素分析

第一节 我国壳蛋流通状况分析

一、我国壳蛋主产区和主消费区分布

由于中国统计年鉴中只有禽蛋产量，因此，将禽蛋产量的85%作为壳蛋产量（卞琳琳，2013）。各省区市统计年鉴中只有人均壳蛋消费量，所以各省区市的壳蛋消费量计算方法具体如下。

壳蛋消费量 = 城镇人口数 × 城镇人均消费量 + 乡村人口数 × 乡村人均消费量。

依据《中国统计年鉴2016年》及各省区市2016年统计年鉴的相关统计数据，对我国31个省、自治区、直辖市2015年的壳蛋产量及消费量的统计分析表明，我国壳蛋产量最高的10个省份依次如下：山东省、河南省、河北省、辽宁省、江苏省、湖北省、四川省、安徽省、吉林省及黑龙江省，壳蛋产量共1 984.02万吨，约占全国壳蛋总产量的77.83%。主要分布于华北地区、华中地区、华地区东和华南地区；我国壳蛋的主要消费地区最高的10个省份依次如：山东省、广东省、河南省、河北省、江苏省、四川省、安徽省、辽宁省、黑龙江省和山西省，壳蛋消费量共957.24万吨，约占全国壳蛋总消费量的59.2%。具体如图2-1和表2-1所示。

我国壳蛋的10大主产区与主消费区的对比分析如表2-1所示。

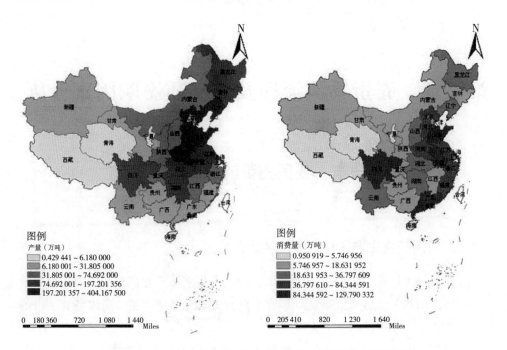

图2-1　2012年我国各省、自治区和直辖市壳蛋产量与消费量

数据来源：2016年《中国统计年鉴》及2016年各省、自治区和直辖市统计年鉴

表2-1　壳蛋主产区与主消费区对比分析

序号	壳蛋主产区			壳蛋主消费区		
	省份	产量（万吨）	所占比例（%）	省份	消费量（万吨）	所占比例（%）
1	山东省	360.32	14.13	广东省	175.52	10.8
2	河南省	348.50	13.67	四川省	113.88	6.8
3	河北省	317.56	12.46	山东省	109.63	6.7
4	辽宁省	235.03	9.22	安徽省	103.83	6.5
5	江苏省	166.77	6.54	河南省	90.95	5.7
6	湖北省	140.51	5.51	江苏省	78.73	4.9
7	四川省	124.70	4.89	福建省	77.72	4.9
8	安徽省	114.50	4.49	浙江省	73.62	4.6
9	吉林省	91.21	3.58	河北省	69.61	4.4
10	黑龙江省	84.92	3.33	湖北省	63.75	3.9
	合计	1 984.02	77.98	合计	957.24	59.2

数据来源：2016年《中国统计年鉴》

二、我国壳蛋流通量情况

以2011年及2016年中国统计年鉴及各省区市统计年鉴相关数据为例，依次对我国31个省、自治区、直辖市的壳蛋产量及消费量进行计算分析，通过壳蛋的产

量及消费量的差值计算流通量，差值为负表现为该省区市的壳蛋流入，差值为正表现为该省区市的壳蛋流出。具体如图2-2和图2-3所示。

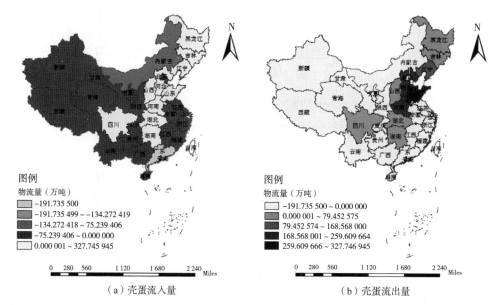

（a）壳蛋流入量　　　　　　　　　（b）壳蛋流出量

图2-2　2010年我国各省区市壳蛋流通量

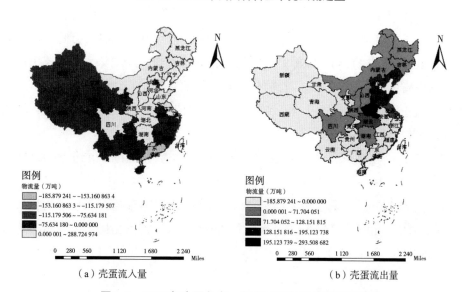

（a）壳蛋流入量　　　　　　　　　（b）壳蛋流出量

图2-3　2015年我国各省、自治区和直辖市壳蛋流通量

数据来源：2011年和2013年《中国统计年鉴》及各省市统计年鉴

我国各省、自治区和直辖市2010年及2015年壳蛋流通量存在一定的差异，表现为不同省区市的流入、流出及量的不同。对2010年及2015年我国壳蛋流出量、流入量大的省份进行分析，具体如图2-4和图2-5所示。

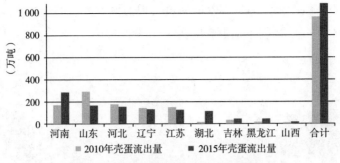

图2-4　我国壳蛋流出量大的省份统计

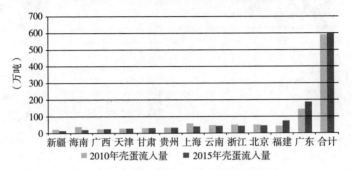

图2-5　我国壳蛋流入量大的省市区统计

数据来源：2011年、2016年各省、自治区和直辖市统计年鉴

2010年，壳蛋流出的省份包括山东省约294万吨，河北省约177万吨、河南省约171万吨、辽宁省约146万吨等9个省份，共约970万吨；2012年，壳蛋流出的省份包括河南省约287万吨，山东省约166万吨、河北省约154万吨、辽宁省约128万吨等12个省份，约1 080万吨。相较2010年的壳蛋流出量增加了约110万吨，增长率约为11.3%，增长幅度较大。

2015年，壳蛋流入的省市包括广东省约为146万吨，上海市约为60万吨，北京市约为53万吨，云南省约为49万吨等12个省区市，共约595万吨；2012年，壳蛋流入的省市包括广东省约为185万吨，福建省约为74万吨，北京市约为47万吨，浙江省约为45万吨等12个省区市，共约598万吨。相较2010年的壳蛋流入量增加了约3万吨，增长幅度不大。

第二节　壳蛋物流流程分析

我国的壳蛋流通模式主要包括"批发市场+农户""公司+农户"和"产销一体化"3种，3种壳蛋流通模式下的壳蛋交易量占壳蛋市场交易量的80%以上（冯仕彬，2011），这是我国壳蛋市场中的主要流通渠道。壳蛋流通渠道不同其具体物流流程也存在一定的差异。因此选取"批发市场+农户"、"公司+农户"及"产销一体化"3种模式，分析不同模式下具体物流流程。

一、"批发市场+农户"模式壳蛋物流流程分析

目前，我国壳蛋的市场流通方式主要以批发市场为主导，占壳蛋交易量的36%左右（李亮科，2013）。批发市场作为"批发市场+农户"模式的主要组成部分，为壳蛋提供了有效的交易平台。以批发市场为核心的壳蛋物流过程中涉及蛋鸡养殖场（户）、壳蛋收购商、食品加工企业、零售商、学校及机关食堂、餐饮业、超市等主体，所有主体以壳蛋批发市场为核心有机联系在一起。其中，零售商包括早市、农贸市场、社区菜市场等。壳蛋由一级或者二级批发市场销往零售商、食品加工企业、学校机关餐厅等销售终端。具体流程如图2-6所示。

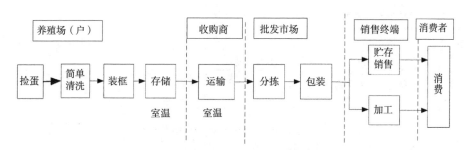

图2-6　"批发市场+农户"模式下的壳蛋物流流程

以批发市场为主的壳蛋物流环节涉及到清洗、装筐、存储、运输、分拣、包装、销售等。其中，养殖场（户）主要进行壳蛋的清洗、装筐、存储等环节。养殖场（户）一般采用湿布进行壳蛋清洗，对壳蛋进行清洗的主要目的是保持蛋壳的洁净，蛋壳无粪便、羽毛等污染物。将清洗干净的壳蛋晾干后进行装筐，于收购商进行收购前存储壳蛋，由于养殖场（户）的养殖规模一般较小，绝大多数养殖场（户）受到资金等方面的限制没有建立冷库存储壳蛋，壳蛋存储一般在室温条件下进行。收购商将收购的壳蛋运往大型批发市场或中小型批发市场。批发市场对壳蛋进行分拣、包装等处理，壳蛋经分拣处理剔除破蛋、坏蛋等，并对壳蛋进行装箱包装处理，并销售。大型批发市场主要将壳蛋销往中小型批发市场或食品加工企业，学校及机关食堂、餐饮业、超市等销售终端，中小型批发市场则直接销往销售终端。消费者由销售终端购买或食用壳蛋。

二、"公司+农户"模式壳蛋物流流程分析

"公司+农户"的壳蛋流通模式是壳蛋加工企业为龙头，通过股份合作制、合同契约等方式与养殖场（户）建立购销关系，并为养殖场（户）提供技术支持。

壳蛋加工企业主要包括两种类型，一种为壳蛋加工企业，主要进行壳蛋清洗消毒、冷藏保鲜、包装等商品化加工处理；另一种壳蛋加工企业主要是将壳蛋加工为皮蛋、全蛋液、蛋白液、蛋黄液、蛋白粉、蛋黄粉、全蛋粉和烹饪蛋粉等蛋制品。考虑到我国蛋制品的销量较低以及本节的研究方向和目的，本节所采用的龙头企业是指企业内部主要进行壳蛋的清洗消毒、涂蜡、检测、分级、喷码、包装和保鲜贮藏等一系列处理活动的壳蛋加工企业。

以公司为核心的壳蛋物流过程中涉及到蛋鸡养殖场（户）、消费者、食品加工企业、零售商、学校及机关食堂、餐饮业和超市等。壳蛋在不同主体中进行不同处理最终到达消费者手中，具体流程如图2-7所示。

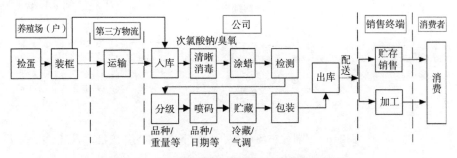

图2-7　　"公司+农户"模式下的壳蛋物流流程

以公司为主的壳蛋物流环节涉及到装筐、运输、入库、清洗消毒、涂蜡、检测、分级、喷码、包装、贮藏、销售等。养殖场（户）主要进行壳蛋装筐，由第三方物流企业或者壳蛋加工企业的运输车辆将养殖场（户）的壳蛋运输至壳蛋加工企业。壳蛋加工企业库房管理人员对入库的壳蛋进行记录。由相应的职工进行壳蛋的清洗消毒、涂蜡、分级、包装等操作，壳蛋常采用温水、湿布等方式进行清洗，采用次氯酸钠或臭氧对蛋库进行定期消毒，剔除破蛋、坏蛋等。依据壳蛋的品种或者重量对壳蛋进行分级，将壳蛋的品种、生产日期等信息喷印于蛋壳表面。利用蛋库的低温条件或者气调包装进行壳蛋保鲜贮藏，依据企业的订单情况对壳蛋进行包装，内包装多采用蛋托，外包装多为瓦楞纸箱。库房管理人员记录壳蛋出库信息，由企业运输车辆将壳蛋配送至食品加工企业、学校及机关食堂、餐饮业、超市等销售终端，消费者由销售终端直接购买壳蛋或食用壳蛋加工品。

三、"产销一体化"模式壳蛋物流流程分析

　　壳蛋加工企业纵向一体化的发展逐渐形成"产销一体化"模式。"产销一体化"的壳蛋流通模式中，蛋鸡养殖、饲料生产、壳蛋商品化处理及销售等一系列活动均由企业完成。随着互联网技术的发展和电脑的普及程度的提高，物联网交易平台作为新兴的商品交易中介逐步进入人们的生活中。尤其是随着网络购物平台的不断发展壮大，近年来，越来越多的消费者通过诸如京东、天猫、1号店等交易平台实现足不出户的商品购买方式。"产销一体化"的蛋鸡养殖场亦逐步走出了以电子商务为平台的壳蛋交易方式，并取得了一定的进展。壳蛋物流过程中，蛋鸡养殖、饲料生产、壳蛋商品化处理、壳蛋销售等一系列活动均由企业完成。

　　产销一体化的壳蛋物流中主体涉及消费者、食品加工企业、零售商、学校及机关食堂、餐饮业和超市等销售终端。壳蛋在不同主体中经不同处理到达消费者手中，具体流程如图2-8所示。

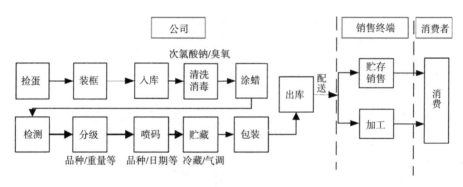

图2-8　"产销一体化"模式下的壳蛋物流流程

　　产销一体化的壳蛋物流环节涉及到装筐、运输、入库、清洗消毒、涂蜡、检测、分级、喷码、包装、贮藏和销售等。其中，壳蛋加工企业库房管理人员对装筐壳蛋入库信息进行记录。由相应的职工进行壳蛋的清洗消毒、涂蜡、分级、包装等操作，壳蛋常采用次氯酸钠或臭氧进行消毒，剔除壳蛋中的破蛋、坏蛋等，依据品种或者重量对壳蛋进行分级处理，将壳蛋的品种、生产日期等信息喷印于蛋壳以对壳蛋进行相应标识。利用蛋库的低温条件或者气调包装进行壳蛋保鲜贮藏，依据企业的订单对壳蛋进行包装，其内包装多采蛋托，外包装多为瓦楞纸箱。库房管理人员记录壳蛋出库信息，由企业运输车辆将壳蛋配送至食品加工企业、学校及机关食堂、餐饮业和超市等销售终端，消费者由销售终端直接购买壳蛋或食用壳蛋加工品。

四、不同模式下壳蛋物流流程的对比分析

由以上分析可知，"批发市场+农户"、"公司+农户"壳蛋物流过程中涉及较多的环节及物流主体。流通环节过多不仅导致流通成本大大增加，使得零售终端的购入成本增加。壳蛋作为易腐食品，经过较多的流通环节易导致壳蛋的破损率增加及腐败变质，难以避免造成损耗。此外，流通环节过多易出现资金结算方式滞后，使得蛋鸡养殖场（户）资金周转速度严重下降，在一定程度上造成蛋鸡养殖场（户）盈利较少。在壳蛋流通模式中涉及的主体较多，易引起信息的不对称。

"产销一体化"模式的交易及物流环节较少，大大减少了交易成本和物流成本，壳蛋经商品化处理后，其附加产值得以提高，企业的经济效益得以提升。该模式保证了资金和信息的有效，也是树立企业品牌的有效途径之一。但是，由于涉及的产业链较长，导致对市场需求的反应能力较慢。

综合以上分析，不同模式下壳蛋物流流程的对比分析如表2-2所示。

表2-2　不同模式下壳蛋物流流程

类别	"批发市场+农户"	"公司+农户"	"产销一体化"
主体	蛋鸡养殖场（户）、壳蛋收购商、食品加工企业、零售商、学校及机关食堂、餐饮业、超市	蛋鸡养殖场（户），消费者，食品加工企业、零售商、学校及机关食堂、餐饮业、超市	蛋鸡企业，消费者，食品加工企业、零售商、学校及机关食堂、餐饮业、超市
环节	清洗、装筐、存储、运输、分拣、包装、销售	装筐、运输、入库、清洗消毒、涂蜡、检测、分级、喷码、包装、贮藏、销售	装筐、运输、入库、清洗消毒、涂蜡、检测、分级、喷码、包装、贮藏、销售
存储温度	室温	低温	低温
包装技术	纸箱	内包装多采用纸浆蛋托，外包装多为瓦楞纸箱	纸浆蛋托、泡沫蛋托为内包装，以瓦楞纸为外包装
保鲜技术	无	冷藏、气调保鲜	冷藏保鲜
运输温度	常温	常温	低温
优点	难以建立品牌效益	难以建立品牌效益	树立企业品牌的有效途径，壳蛋破损、腐败率低
缺点	壳蛋破损、腐败率高	壳蛋破损、腐败率较高	市场需求反应能力慢

第三节　国内外壳蛋物流标准

一、我国壳蛋物流标准

我国易腐食品控温运输技术要求GB/T 22918-2008规定：壳蛋在装载时的温度

应控制在0～3℃范围内，壳蛋运输设施的温度应控制在0～3℃范围内。壳蛋包装材料为木箱、花格木箱、塑料箱。壳蛋在物流过程中的装载方法为"品字"形、"一二三"、"三二一"和"井字"形。运输工具必须安全、无害，运输过程中温度偏差应在3℃以内，运输过程中应尽量保持平稳、减少车辆的起伏和振动；鲜鸡蛋标准SB/T10277-1997规定，壳蛋冷库存储温度应在-1～0℃，壳蛋运输工具须清洁、无异味。

二、欧盟壳蛋物流标准

欧盟壳蛋品质管理制度起步较早，较为成熟，目前市面上禁止销售散装壳蛋。其laying down detailed rules for implementing Council Regulation，2013标准规定：定期进行壳蛋的收集、运输、存储及处理；市场上仅销售基于壳蛋重量分级的A级及B级壳蛋，且A级壳蛋收集后其环境温度应维持在5℃以下，B级壳蛋仅销往食品加工厂。此外，壳蛋的分级应当在产蛋10日内进行；壳蛋最迟销售时间为21天，最佳食用期间为28天；壳蛋运输时长不得超过8小时。在此基础上，德国Egg Output Data and Food Regulations，2012规定壳蛋在存储、运输过程中的温度为5～8℃，货架期限定在28天以内，贮藏超过21天后禁止出售。英国The Eggs and Chicks（England）Regulations，2009规定壳蛋在存储运输温度为5～17℃，货架期限定在21天以内。

三、美国壳蛋物流标准

随着美国的人口变迁和技术进步，美国的蛋鸡养殖逐步走向集中化管理模式。蛋鸡存栏量为7.5万只以上的大规模蛋鸡养殖场所占蛋鸡养殖场的比例为99%，并实现了壳蛋的经销一体化经营。依据美国出台的蛋品贮存准则Meat & Poultry Hotline，1-888-MPHotline（1-888-674-6854）Shell Eggs from Farm to Table规定，其壳蛋在存储过程中的温度为7℃，运输过程中运输时长在5天以内运输温度应控制在-1～3℃，可接受范围为1～6℃；运输时长在5天甚至更长运输温度应控制在-1～1℃，可接受范围为1～3℃。从包装到销售不得超过45天。目前美国市面上禁止销售散装壳蛋，因此，美国市面上销售的商品蛋一般为盒装蛋，每盒6～30枚不等。

表2-3　不同国家壳蛋物流标准

国别	标准名称	颁布时间	具体规定
我国	我国易腐食品控温运输技术要求 鲜鸡蛋标准	2008年 1997年	物流过程中温度控制在0～3℃，温度偏差在3℃以内，运输过程中减少车辆的振动，冷库存储温度应在-1～0℃
欧盟	laying down detailed rules for implementing Council Regulation	2013年	A级壳蛋收集后其环境温度应维持在5℃以下，壳蛋的分级应当在产蛋10日内进行；最迟销售时间为21天，最佳食用期间为28天；运输时长不得超过8个小时
德国	Egg Output Data and Food Regulations	2012年	壳蛋在存储、运输过程中的温度为5～8℃，货架期限定在28天以内，贮藏超过21天后禁止出售
英国	The Eggs and Chicks（England）Regulations	2009年	壳蛋在存储运输温度为5～17℃，货架期限定在21天以内
美国	Meat & Poultry Hotline，1-888-MPHotline（1-888-674-6854）Shell Eggs from Farm to Table	2008年	壳蛋在存储过程中的温度为7℃，运输过程中运输时长在5天以内运输温度应控制在-1～3℃，可接受范围为1～6℃；运输时长在5天甚至更长运输温度应控制；在-1～1℃，可接受范围为1～3℃。从包装到销售不得超过45天

表2-3所示内容显示了我国壳蛋的物流标准与发达国家相比还存在一定的差距，缺乏壳蛋物流过程中有关运输时长、销售时间限制的相关规定。

第四节　物流过程中影响壳蛋品质的因素分析

我国主要的壳蛋流通模式下的物流流程涉及到较多的物流环节，壳蛋物流过程中存在多种影响壳蛋品质的因素影响壳蛋的感官特性、理化特性、微生物含量等品质特性，使壳蛋出现蛋白减薄、蛋白pH值增加、蛋黄膜松弛，蛋黄高度下降等现象。

一、壳蛋品质表征指标

壳蛋品质表征指标很多，包括蛋黄指数、蛋白系数、浓蛋白含量、哈夫单位和蛋白pH值等（Haugh G，2006）。

1. 哈夫单位

哈夫单位是Haugh在1937年提出的，是评定壳蛋品质的主要指标之一，是美国农业部蛋品标准检验和表示蛋品新鲜度的指标（Hagiwara，1996）。哈夫单位越高表示蛋清质量越好。哈夫单位由公式 $HU=100\lg(H-1.7m^{0.37}+7.6)$ 计算得出，其中 HU 为哈夫单位值，H 为浓蛋白高度，m 为蛋重（Haugh RR，1937）。研究表明，壳蛋常温保存21天和低温56天时，浓蛋白在酶的作用下水化，哈夫单位不能测出（李俊营，2012）。

2. 蛋黄系数

蛋黄系数是表征壳蛋品质的主要指标之一，新鲜壳蛋的蛋黄膜弹性大，蛋黄高度高，蛋黄直径小。随着存放时间的延长，蛋黄膜松弛，蛋黄平塌，高度下降，直径变大。蛋黄系数值是蛋黄高度和蛋黄直径的比值 $YI=H_1/\Phi$，其中 YI 为蛋黄指数，H_1 为蛋黄高度，Φ 为蛋黄直径。

3. 蛋白系数

蛋白系数是表征壳蛋品质的指标之一，新鲜蛋的蛋白系数高。在正常的贮藏条件下，浓蛋白随着壳蛋贮藏时间的延长，在蛋白酶的作用下分解，导致蛋白系数减小。蛋白系数越高，表示蛋清质量越好。蛋白系数是壳蛋蛋清中浓蛋白与稀蛋白的比值。

4. 蛋白pH值

蛋白pH值是描述壳蛋贮藏期间蛋白性质的重要指标，是标志壳蛋蛋白质分解变化的指标，与浓厚蛋白的性状及含量有关。蛋白pH值是鸡蛋贮存期间变化最明显的一个指标，新鲜蛋内浓厚蛋白多，蛋白pH值为8左右，随着壳蛋贮藏时间的延长，蛋内 CO_2 的快速逸散，蛋白pH值迅速上升，壳蛋的品质也随之下降（刘会珍，2005）。

5. 浓蛋白含量

浓蛋白含量是衡量壳蛋品质好坏的主要标志之一。新鲜蛋的浓蛋白含量高，随着贮藏时间的增加，浓蛋白含量逐渐减少，水样蛋白增加。浓蛋白含量变小是壳蛋自身生理代谢的必然结果，壳蛋自生产之日起就伴随着浓蛋白含量的降低，降低速率与温度高低和微生物侵入呈正相关（刘美玉，2012）。

二、壳蛋品质影响因素

物流过程中壳蛋品质影响因素主要为壳蛋出场时的状态、温度、湿度、保鲜技术、振动等。

1. 壳蛋出场状态

壳蛋出场状态中影响壳蛋品质状况的因素主要包括壳蛋品种及壳蛋清洁状况。

"批发市场+农户"、"公司+农户"和"产销一体化"3种模式涉及的蛋鸡养殖场的多样性，使得3种模式下壳蛋品种对壳蛋品质的影响相同。壳蛋品种对壳蛋品质的影响主要表现为壳蛋品种不同，其蛋壳颜色及组成成分存在一定的差异，光的透射率存在较大差异，光透射率与壳蛋新鲜度呈正相关（吴瑞梅，2004）。此外，壳蛋品质不同的蛋壳厚度也存在一定的差异，蛋壳厚度直接影响壳蛋的破损情况，影响壳蛋的品质。壳蛋品种与其品质间的关系，如图2-9所示。

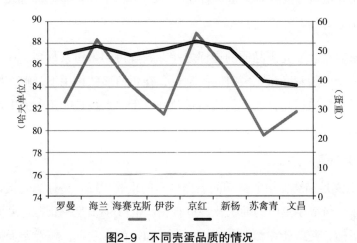

图2-9　不同壳蛋品质的情况

壳蛋清洁度较低的情况下蛋壳表面沙门氏菌、大肠杆菌等致病菌数量较高，易传播疾病、缩短壳蛋存储时间（罗艺，2013）。"批发市场+农户"、"公司+农户"和"产销一体化"3种模式下所采取的壳蛋清洗消毒方式不同使得壳蛋的清洁状况存在一定的差异。"批发市场+农户"模式下一般采用湿布进行壳蛋清洗；"公司+农户"和"产销一体化"模式下常采用温水、湿布等方式进行壳蛋清洗，并采用次氯酸钠或臭氧对蛋库进行定期消毒，显著提高了壳蛋的清洁度。

2. 温度

温度对壳蛋品质的影响主要表现为温度影响微生物的生长及繁殖，壳蛋的生理变化、化学变化及酶的活动，浓蛋白水样化的速度和干耗率等，影响壳蛋的新鲜度（李俊营，2016；Hough G，2006）。温度过高会加快壳蛋内部水分的蒸发速度，增大壳蛋气室高度，加快壳蛋内蛋白酶的活性，加快壳蛋品质腐败速率。温度与壳蛋品质表征指标哈夫单位、蛋黄系数之间的关系如图2-10所示。

"批发市场+农户"、"公司+农户"和"产销一体化"3种模式下，"批发市场+农户"模式下养殖规模较小，大部分养殖场并未建立冷库以存储壳蛋，壳蛋在存储、运输过程中多以室温存储；"公司+农户"模式下采用低温存储、常温运输方式；"产销一体化"模式下常采用低温存储及运输方式，显著提高了壳蛋的存储期。

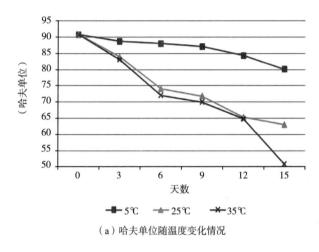

（a）哈夫单位随温度变化情况

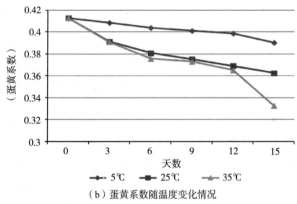

（b）蛋黄系数随温度变化情况

图2-10　壳蛋品质随温度变化情况

数据来源：（赵梦莹，2013）

3.湿度

湿度也是影响壳蛋品质的因素之一。"批发市场+农户"、"公司+农户"和"产销一体化"3种模式均涉及环境湿度。湿度对壳蛋品质的影响主要表现为影响壳蛋的理化特性、微生物生长繁殖及壳蛋内部水分散失速率，影响壳蛋的腐败变质速率（Walsh，T.J，1995）。壳蛋存储环境中湿度过大，营造合适的微生物生长环境，使蛋壳表面微生物生长繁殖速度加快，加速壳蛋的腐败变质。

4. 保鲜技术

保鲜技术是壳蛋品质的主要影响因素之一。壳蛋保鲜技术对其品质的影响主要表现在通过影响壳蛋内微生物、酶活性、水分散发速率及壳蛋破损率等进一步影响壳蛋的品质（赵立，2006）。

"批发市场+农户"模式下少数养殖场建立了自己的冷库实现了壳蛋收集后的冷藏保鲜处理；"公司+农户"模式下蛋鸡养殖企业建立了自己的冷库实现壳蛋冷藏保鲜，部分公司将收集的壳蛋进行涂膜保鲜处理，随着对壳蛋气调保鲜技术的推广，越来越多的企业应用气调保鲜技术；"产销一体化"模式下，蛋鸡公司建立了自己的冷库实现壳蛋冷藏保鲜或涂膜保鲜处理。

以气调保鲜为例，该保鲜方式下壳蛋的品质变化情况，如图2-11所示。

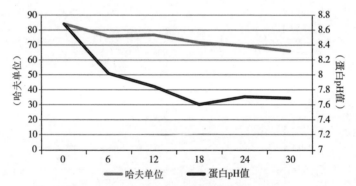

图2-11　气调保鲜下的壳蛋品质变化情况

数据来源：（刘美玉，2012）

5. 振动

振动是壳蛋品质影响因素之一。壳蛋具有易碎、易损的特性，蛋壳具有抵抗微生物侵入和繁殖的能力，蛋壳表面的薄膜能够延缓水分的损失和微生物的侵入，蛋壳破损会加速壳蛋的腐败变质（Berardinelli A，2003）。

因此，在物流过程中，振动对壳蛋的品质有重要影响。运输过程的振动和装卸过程的振动都会降低壳蛋的内部品质，由于不同装箱位置的振动强度不同，壳蛋哈夫单位和装箱位置有较大关系。

不同壳蛋流通模式下企业采用不同的壳蛋包装方式以减少壳蛋运输过程中振动对其品质的影响。"批发市场+农户"模式下的壳蛋包装材料多为纸箱，每箱约为15千克。养殖场所采用包装材料在一定程度上可以减小运输过程中的振动，由于每箱壳蛋数量较多，壳蛋在装车、卸载及运输过程中的振动不仅易导致蛋壳较薄的壳蛋出现破损的现象，而且壳蛋壳破损易引起微生物的入侵和繁殖、加快壳蛋内部水分的散失速度，使得壳蛋腐败变质的速率加快，影响壳蛋的品质；"公司+农户"模式下壳蛋包装材料多为瓦楞纸，每盒6～30枚不等。部分蛋鸡企业采用泡沫蛋托作为壳蛋内包装，有效地降低了运输过程中振动对壳蛋品质的影响；"产销一体化"模式下以瓦楞纸为包装材料对壳蛋进行包装，以有效地减小运输过程中的振动，减少破损蛋的出现。

　　本章首先通过对我国壳蛋物流状况分析，主要对我国"批发市场+农户"、"公司+农户"和"产销一体化"模式下的壳蛋物流流程进行具体的分析；由于不同模式涉及的壳蛋存储及运输温度、保鲜技术等存在较大差异，对物流过程中壳蛋品质影响因素包括壳蛋品种、清洁程度、温度、湿度、保鲜技术及振动等进行分析，其中"公司+农户"和"产销一体化"模式下对壳蛋品质影响较大，能显著提高壳蛋的贮存期。

　　本章关于壳蛋物流状况、物流流程及物流过程中壳蛋品质影响因素的研究为后文进行物流过程中壳蛋货架期的预测奠定了基础。

第三章　基于BP神经网络的壳蛋货架期预测模型的构建

依据前章分析结果，"公司+农户"和"产销一体化"模式下壳蛋物流过程中存在多种影响壳蛋品质的因素，主要影响因素为保鲜技术。壳蛋物流过程中涉及的保鲜技术基本上只在存储环节，因此，本章对壳蛋货架期预测模型的构建涵盖壳蛋保鲜技术的存储阶段和保鲜技术终止后的运输销售等全部物流阶段。

本章选取BP神经网络模型作为壳蛋货架期预测模型，并选取合理的壳蛋保鲜技术、保鲜气体、品质表征指标。基于实验数据建立不同保鲜技术下货架期预测模型，实现壳蛋物流过程中品质状况的快速预测。为蛋鸡企业合理的销售壳蛋和制定相应的货架期提供一定的依据，同时为相关部门定制壳蛋货架期的标准提供参考，以满足消费者日益增长的消费需求。

第一节　物流过程中壳蛋货架期的概念和内涵

一、壳蛋货架期的概念

壳蛋货架期就是指壳蛋自生产之日起，经包装、存储、运输、销售等一系列环节达到消费者手中能够保持壳蛋的感官特性、理化特性、微生物含量等满足其品质要求的时间（赵梦莹，2013）。

二、壳蛋货架期的内涵

根据以上货架期的定义及内涵可以将物流过程中壳蛋货架期定义为壳蛋自养殖场（户）经一系列物流环节到销售终端的过程中能够保持其感官特性、理化特性、微生物含量等满足其品质要求的时间。

其含义为以下三方面。

第一，壳蛋物流过程中是安全的，不会给消费者带来危害。

第二，壳蛋物流过程中的感官特性、理化特性、微生物含量等在其品质要求范围内。

第三，壳蛋物流过程中的温度、保鲜技术、贮存时间等信息需要加以记录。

第二节　壳蛋货架期预测模型的选取

食品货架期预测模型很多，主要包括以温度为基础的Q10法、Z值模型法、Arrhenius方程；以微生物为基础的微生物动力学生长模型；威布尔危险值分析法（WHA）及人工神经网络等（史波林，2012）。这些模型各有特点，根据食品性质的不同，所适用的货架期预测模型也有所不同。

一、以温度为基础的动力学预测模型

1. Q10模型

Q10是指当食品的贮存温度与已知温度相差10℃时，其货架期寿命的变化速率，其函数表达式为：

$$Q^{(T_0-T)/10} = Q_s(T)/Q_s(T_0) \qquad （公式1）$$

式中：Q_s为货架期；T_0为确定货架期的已知温度，℃；T为所求货架期的温度，℃；$T_0 > T$。

2. Z值模型法

Z值模型法主要用于微生物改变为主的过程。其含义为引起D值变化10倍所需改变的温度（℃），其定义式为：

$$z=(T-T_r)/(\log D_r - \log D) \qquad （公式2）$$

式中：D_r为在参考温度下T_r的D值，D为10倍减少时间（Decimal Reduction Time），其计算公式为：

$$D= t/\log(N_0/N) \qquad （公式3）$$

式中：N_0为初始细菌数；N为t时细菌数；t为时间（s）。

即在一定环境和一定温度下杀死90%微生物（或营养物浓度）所需的时间。

D值越大，则该菌的耐热性越强（佟懿，2008）。

3. Arrhenius方程法

Arrhenius方程是常用的以温度为基础的动力学预测模型（佟懿，2009），Arrhenius方程法主要是用Arrhenius方程与反应动力学方程相结合，通过测定不同温度下各品质指标的变化情况，找出不同温度下影响壳蛋货架期的关键指标，构建货架期预测模型。依据相关文献（于滨，2012），Arrhenius方程与零级、一级动力学方程拟合所得反映的食品货架期预测公式分别为：

$$t = -(C_t - C_0) / (K_0 \times e^{-Ea/RT}) \qquad\qquad （公式4）$$

$$t = -(InC_t - InC_0) / (K_0 \times e^{-Ea/RT}) \qquad\qquad （公式5）$$

式中，C_t为贮藏t天后某理化指标的含量；C_0为起始时刻某理化指标的含量；T为绝对温度；K_0为常数；Ea为活化能，单位：J/mol；R为气体常数，8.314。

二、微生物动力学生长模型

微生物生长动力学模型主要以特定腐败菌的生长规律为基础，具有较高的预测精度。

Whiting等（1993）将微生物生长动力学模型分为初级模型、二级模型和三级模型。其中初级模型用于描述微生物数量随时间变化的关系；二级模型用于描述温度等环境因素对微生物生长动力学参数的影响；三级模型是建立在一级模型和二级模型基础上的应用软件程序。表3-1对常见的微生物生长动力学模型进行了分类。

表3-1　微生物生长动力学模型的分类

初级模型	二级模型	三级模型
Gompertz	Belehradek model（square-root model）	Combase
Modified Gompertz	Ratkowsky model	Sym'Prev-ius
Logistic model	Arrhenius model	GroPIN
Baranyi model	Modified Arrhenius models（Davey or schoolfield）	SMAS
Huang model	Probability models	
First-order monod model	Zvalues	
Modefied monod model	Polynomial or response Surface models	
D values of theemel inactivation	Williams-Landel Ferry model	
Growth decline model of Whiting and Cynarowicz		
Three-phase livear model		

资料来源：Whiting等，1993

1. 初级模型

初级模型用于描述在一定环境条件下，微生物数量随时间变化的函数关系。根据微生物的生长呈指数增长的特点，其生长曲线如图3-1所示。

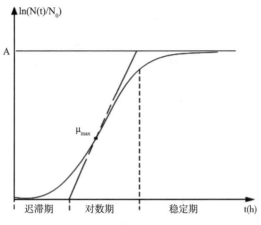

图3-1　微生物生长曲线

初级模型的建立一般是以微生物t时刻的数量与初始值之比的对数值In（N（t）/N_0）为纵坐标，以时间t（h）为横坐标，描述微生物数量与时间的关系。生长曲线当中的迟滞期、对数期和稳定期3个阶段能够运用3个参数来进行表达。

最大比生长速率：μ_{max}，是生长曲线的凸凹点变化处切线的正切数值，即$\{ln(N(t)/N_0)/t\}_{max}$；

迟滞期时间：λ，是指以上提到的切线与x轴相交的t时间值；

渐近线值：A，是$\ln(N(t)/N_0)$在微生物数量N（t）到达最大值时的值。

常见的初级模型包括Modified Gompertz模型、Baranyi模型、Logistic函数和Huang模型等。

（1）Modified Gompertz模型

Gompertz模型是20世纪90年代初期应用最普遍的微生物生长动力学初级模型，后经过Zwietering等多位科学家的不断完善得到Modified Gompertz模型。首先Gompertz方程的数学模型表示如下：

$$y = a \times \exp[-\exp(b - c \times x)] \tag{公式6}$$

a为微生物稳定期数量与初始值之间的差，b为微生物最大生长速率所对应的时间，c为最大生长速率。

Gompertz方程中微生物生长模型的生物意义参数与数学意义参数之间的转换关系如下，将Gompertz方程求一阶导，得到方程，具体如下：

$$\frac{d_x}{d_y} = ac\exp[-\exp(b-ct)] \times \exp(b-ct)$$ （公式7）

再求二阶导，得到方程，如公式8：

$$\frac{d^2y}{dx^2} = ac^2\exp[-\exp(b-ct)] \times \exp(b-ct) \times [\exp(b-cx)-1]$$ （公式8）

当二阶导 $\frac{d^2y}{dx^2}=0$ 时，一阶导得 $\frac{dy}{dx_{max}}$，为该点切线斜率，该点定义为生物意义的参数 μ_{max}，变形如下：

$$\frac{d^2y}{dx^2} = 0 \Rightarrow x_i = \frac{b}{c}$$

$$\mu_m = \frac{dy}{dx_{max}} = (\frac{dy}{dx})_{x_i} = \frac{ac}{e}$$ （公式9）

得到该点切线方程如公式10：

$$\mu_m x + \frac{a}{e}(-\mu_m)x_i = y$$ （公式10）

当y=0时，获得的x便是生物学意义上的λ，将其代入可得公式11：

$$0 = \lambda\frac{ac}{e} + \frac{a}{e} - \frac{ab}{e} \Rightarrow \lambda = \frac{b-1}{c}$$ （公式11）

A为当 $x \to +\infty$ 时所取得的值，如公式12：

$$y \to a \Rightarrow A = a$$ （公式12）

综上所述，数学意义上的参数与生物学意义上参数的转换等式如公式13：

$$\mu_m = \frac{ac}{e}; \quad \lambda = \frac{b-1}{c} \quad A = a$$ （公式13）

因此，Gompertz函数的微生物学方程可表示为公式14：

$$y = A\exp\{-\exp[\frac{\mu_m e}{A}(\lambda-1)+1]\}$$ （公式14）

Modified Gompertz方程的数学模型表达式如下：

$$N(t) = N_0 + (N_{max} - N_0)\exp\left\{-\exp\left[\frac{\mu_{max}e}{N_{max}-N_0}(\lambda-t)+1\right]\right\}$$ （公式15）

$N(t)$：$t(h)$时刻微生物数量的对数值 $[lg(CFU/g)]$；

N_0：初始微生物数量 $[lg(CFU/g)]$；

N_{max}：增加到稳点期时最大的微生物数量［$lg(CFU/g)$］；

μ_{max}：微生物生长的最大比生长速率(1/h)；

λ：微生物生长的迟滞期时间(h)

（2）Baranyi模型

Baranyi模型是从细胞生长过程中的一个参数进行考虑，公式（16）描述了微生物虽时间的变化，公式（17）描述了微生物生理学阶段及微生物的迟滞期。因Baranyi模型使用简便，能够很好地协调模型参数和准确性之间的关系，越来越广泛地被应用于食品预测微生物领域。表达式如下：

$$N(t) = N_0 + \mu_{max} A(t) - \ln\left\{1 + \frac{\exp\left[\mu_{max} A(t)\right] - 1}{\exp(N_{max} - N_0)}\right\}$$ （公式16）

$$\text{其中：} \quad A(t) = t + \frac{1}{v}\ln\left[\exp(-\mu_{max} t) + \exp(h_0) - \exp(-\mu_{max} t - h_0)\right]$$

$$\lambda = \frac{h_0}{\mu_{max}}$$ （公式17）

$N(t)$：$t(h)$时刻微生物数量的对数值［$lg(CFU/g)$］；

N_0：初始微生物数量［$lg(CFU/g)$］；

N_{max}：增加到稳点期时最大的微生物数量［$lg(CFU/g)$］；

μ_{max}：微生物生长的最大比生长速率(1/h)；

v：微生物生长期间过渡到对数期的曲率参数；

h_0：生长率下的迟滞期产物；

λ：微生物生长的迟滞期时间(h)，根据公式（3-3）计算得出。

（3）Logistic函数

Logistic函数同样来源于Gompertz模型，表达式如下：

$$N(t) = N_0 + (N_{max} - N_0)\big/\left\{1 + \exp\left[4 \times \mu_{max}(\lambda - t)\big/(N_{max} - N_0) + 2\right]\right\}$$ （公式18）

$N(t)$：$t(h)$时刻微生物数量的对数值［$lg(CFU/g)$］；

N_0：初始微生物数量［$lg(CFU/g)$］；

N_{max}：增加到稳点期时最大的微生物数量［$lg(CFU/g)$］；

μ_{max}：微生物生长的最大比生长速率(1/h)；

λ：微生物生长的迟滞期时间(h)；

Logistic函数也能够很好地描述微生物的生长。

（4）Huang模型

Huang模型是由黄立汉2008年提出，其表达式如下：

$$N(t) = N_0 + N_{max} - \ln\left\{e^{N_0} + \left[e^{N_{max}} - e^{N_0}\right] \times e^{-\mu_{max}B(t)}\right\}$$

$$B(t) = t + \frac{1}{\alpha}\ln\frac{1 + e^{-\alpha(t-\lambda)}}{1 + e^{\acute{a}\lambda}}$$

（公式19）

$N(t)$：$t(h)$时刻微生物数量的对数值［$lg(CFU/g)$］；

N_0：初始微生物数量［$lg(CFU/g)$］；

N_{max}：增加到稳点期时最大的微生物数量［$lg(CFU/g)$］；

μ_{max}：微生物生长的最大比生长速率(1/h)；

α：微生物生长期间过度到对数期的曲率参数。

2. 二级模型

微生物生长动力学的二级模型是在初级模型的基础上，描述温度、水活度和pH值等环境变量对微生物生长动力学参数之间的函数关系。常见的二级模型主要包括：平方根模型、Arrhenius方程和响应面方程。

（1）平方根模型

平方根模型是用来描述环境影响因素的主要模型，表达式如下：

$$\sqrt{\mu_{max}} = b_u \times (T - T_{min})$$

$$\sqrt{1/\lambda} = b_\lambda \times (T - T_{min})$$

（公式20）

T：温度(℃)；

T：微生物没有代谢活动时的温度，即在此温度时，最大生长效率或迟滞率为零；

b：方程的常数。

（2）Arrhenius方程

Arrhenius方程表达式如下：

$$\ln(\mu_{max}) = \ln(\mu_{ref}) - \left(\frac{E_{A_\mu}}{R}\right) \times \left(\frac{1}{T} - \frac{1}{T_{ref}}\right)$$

$$\ln\left(\frac{1}{\lambda}\right) = -\ln(\lambda_{ref}) - \left(\frac{E_{A_\lambda}}{R}\right) \times \left(\frac{1}{T} - \frac{1}{T_{ref}}\right)$$

（公式21）

T：绝对温度(K)；T_{ref}：基准温度$(273K)$；$E_{A\mu}$：μ的活化能；$E_{A\lambda}$：λ的活化

能；μmax：最大比生长速率；λ_{ref}：T_{ref}时的延滞期；A：碰撞系数；R：通用的气体常数；

（3）响应面方程

响应面方程适用于描述当多种因素影响微生物生长时，所有影响因素与微生物生长动力学参数之间的关系，模型相对较为复杂。

响应面方程均来自于对数据的回归分析。在多项式类型中，多元三次方程与生物学结合的并不是很好（高次方程所绘曲线图易出现波峰和波谷），一般多用多元二次方程。

3. 模型的验证方法

为评价模型的可靠性，将采用建立的生长动力学模型求得的预测值与实际贮藏值比较，选择准确因子（A_f）和偏差因子（B_f）来验证所构建预测模型的可靠性。A_f反映了预测值和实际值之间的比率，B_f反映了预测值和实际值之间的偏差，它们的表达式分别为：

$$A_f = 10^{\frac{\sum |N_{pred} - N_{obse}|}{n}}$$
（公式22）

$$B_f = 10^{\frac{\sum |N_{obse} - N_{pred}|}{n}}$$
（公式23）

Npred：预测值［$lg(CFU/g)$］；

Nobse：实测值［$lg(CFU/g)$］；

n：试验次数。

A_f在20%以内，B_f在10%左右表明：

建立的数学模型能够有效预测食品中的微生物生长。

三、其他货架期预测模型

1. 威布尔危险值分析法

作为直接预测食品货架期的统计学方法之一，威布尔危险值分析法（WHA）是由Gacula等人提出的一种新的预测食品货架寿命的方法，食品失效时间的分布特征在理论上已证明服从威布尔模型。该方法目前常用于预测肉制品、乳制品和其他食品的货架期。

该方法的概率密度函数如下：

$$f(t) = \frac{\beta}{\alpha\beta^t}^{\beta-1} - e^{(t/a)\beta^t}t \geqslant 0 \qquad （公式24）$$

累计分布函数如下：

$$F(t) = 1 - e^{(t/\alpha)}\beta \qquad （公式25）$$

危害率函数为：

$$h(t) = \frac{f(t)}{1-F(t)} = 100/k \qquad （公式26）$$

式中：k为一系列失效食品。

累计危害率为：$H(t) = \sum h(t^i) = (t/\alpha)^\beta \qquad （公式27）$

取其对数值，得出货架期时间表达函数：

$$\log(t) = (1/\beta)\log(H) + \log(\alpha) \qquad （公式28）$$

与其他货架期预测模型相比，威布尔危险值分析法（WHA）主要通过食品感官指标构建模型，是威布尔模型描述食品随时间延续发生的失效情况的基础。但由于其模型指标只包括感官指标，而感官评价结果带有很大的主观性，很大程度影响其货架期预测的准确度（曹平，2007），因此，在应用方面存在一定的局限性，仅适用于货架寿命主要取决于感官性质的食品，例如酸奶酪和面条等。

2. BP神经网络模型

BP神经网络即误差反向传播神经网络，是最广泛应用的学习网络，一般由输入层、隐含层和输出层构成（贺昌政，2002）。层与层之间多采用全互连方式，同一层单元间无相互连接（潘治利，2012）。它可以很好地解决各个指标间的非线性关系，常用于构建预测模型，现已广泛应用于食品货架期预测（J.Xue，2012），但在壳蛋货架期预测方面运用还较少（Wang Y K，2009）。

BP神经网络由输入层、隐含层和输出层构成。其算法如下，其中输入层与隐含层、隐含层与输出层之间的连接权值分别为wij和vik，隐含层和输出层的阈值分别为Ok、θi。

（1）初始化

对权值 wij、vik 及阈值 Ok、θi 赋予（-1，1）间的随机值。

（2）由给定的输入输出模式对计算隐层、输出层各单元输出

$$b_j = \varphi(\sum_{j=1}^{3} w_{ij}a_j + \theta_i) \qquad (公式29)$$

$$c_j = \phi(\sum_{i=1}^{q} v_{ik}b_j + o_k) \qquad (公式30)$$

（3）计算新的权值及阈值。公式如下：

$$w_{ij}(n+1) = w_{ij}(n) + \eta(t_k - c_j)(1-c_j)b_j \qquad (公式31)$$

$$v_{ik}(n+1) = v_{ik}(n) + \eta(\sum_{k=1}^{l}(t_k-c_j)(1-c_j)b_jw_{ij})b_j(1-b_j)a_j \qquad (公式32)$$

$$\theta_i(n+1) = \theta_i(n) + (t_k - c_j)(1-c_j) \qquad (公式33)$$

$$o_k(n+1) = o_k(n) + \eta_{ij} \qquad (公式34)$$

上述公式中，

aj为输入层第j个节点输入；bj为隐含层第j层输出值；cj为输出层第j层输出值；（i=1，2，…，p；j=1，2，3；k=1，2，…，q）。

（4）令j=j+1，返回第2步反复训练至输出误差达到要求时结束训练

国内外相关学者利用BP神经网络模型在农业、机械等预测领域的成功应用。

四、货架期预测模型对比分析

表3-2对各个模型进行了对比分析，可以看出基于化学动力学原理的货架期预测模型通常与Arrhenius方程结合，只考虑温度对食品品质的影响；基于微生物生长动力学的货架期预测模型主要以特定腐败菌为基础，要求微生物与食品腐败高度相关，更加接近食品腐败的本质；基于温度的货架期预测模型通常只适用于较小的温度范围；基于人工智能原理的BP神经网络模型虽然能够解决了多指标预测问题，但是需要大量样本；基于统计学原理的威布尔危害分析法以感官评价为基础，评价人员的主观性对预测结果的影响较大。

表3-2　食品货架期预测方法和模型对比分析

原理	模型	研究对象	适用指标	模型验证方法	特点	参考文献
化学动力学	一级反应模型	酱卤鸡肉、重组虾肉	理化指标、菌落总数	相对误差	形式简单，通常与Arrhenius方程结合适用，且只考虑温度的影响	（邱春强等，2012；陈建林等，2015）

（续表）

原理	模型	研究对象	适用指标	模型验证方法	特点	参考文献
微生物生长动力学	一级模型、二级模型、三级模型	冷却猪肉、生鲜、调理鸡肉、冷却牛肉	菌落总数、特定腐败菌	均方误差、回归系数、准确度、偏差度、残差平方和、赤池信息量准则	微生物需要与食品腐败高度相关，更接近食品品质变化的本质	（李苗云等，2008；李飞燕，2011；李媛惠，2013；顾海宁，2013）
人工智能	BP神经网络	鲜鸡蛋	多指标综合分析	相对误差	不依赖与明确的品质变化模型，在一定程度上能够减少系统误差，需要大量样本	（刘雪等，2015）
统计学	威布尔危害分析	酸奶	感官评价	相对误差	仅能处理食品感官试验数据，不能对理化或微生物指标进行分析	（蔡超，2012）

从表3-2可以看出以温度为基础的货架期预测模型中Arrhenius方程是常用的预测模型；微生物动力学生长模型主要是以特定腐败菌为基础，具有较高的精度，常用于肉类食品的货架期预测；威布尔危险值分析法以感官评价为基准，主观性强，BP神经网络通过自学习的方式较好解决了多指标预测问题，常用于预测模型的建立，但在货架期预测方面运用还较少。

壳蛋的品质劣变主要是由于内部理化反应所致，没有特定的腐败菌（Aydin R，2006）。综合上述各预测模型的特点和鸡蛋品质衰变特点，本研究选取BP神经网络模型作为壳蛋货架期预测模型。

第三节　壳蛋货架期预测模型的构建

一、模型参数的选取及测定

壳蛋品质的表征指标很多，包括蛋白、蛋黄色泽、系带等感官指标；失重率、相对密度、气室高度、蛋黄指数、蛋白系数、浓蛋白含量、哈夫单位、蛋白pH值、蛋白凝胶硬度等理化指标（Hough R R，2006）。其中，哈夫单位和蛋黄指数被公认为反映壳蛋品质的重要指标（Suppakul P，2010）。

为了获取壳蛋哈夫单位、蛋黄指数，需要测定壳蛋的浓蛋白高度、壳蛋质量、蛋黄高度及蛋黄直径等参数。上述参数数值的测定方法分别如下。

质量：用电子天平称取壳蛋质量。

浓蛋白高度：将壳蛋打入玻璃皿，避开系带，取蛋黄边缘与浓蛋白边缘中间均匀分布的3个等距离点，用游标卡尺测定其高度，其平均值即为浓蛋白高度。

蛋黄高度：用蛋清分离器分离出蛋黄置于玻璃皿中，用游标卡尺测量蛋黄高度。

蛋黄直径：用游标卡尺测量蛋黄直径。

二、实验方案设计

为了测定不同保鲜贮存技术终止后壳蛋品质指标的变化情况，并与恒温条件下进行对比分析，本文从保鲜技术、保鲜贮存条件和壳蛋品质表征指标等方面进行实验条件的复合选择。

1. 壳蛋保鲜技术的选择

目前常用的保鲜贮存技术包括冷藏法、气调法、涂膜法、浸泡法和辐射灭菌法等（宁欣，2006）。

冷藏法的相关研究中，刘美玉等（2012）研究了对壳蛋品质的影响，结果表明4℃下壳蛋的保存期可延长至30天左右。这表明低温贮藏壳蛋能有效减缓壳蛋衰变速度；Menezes（2009）研究表明，壳蛋存储在8℃条件下保鲜效果远好于25℃条件下，表明低温贮藏壳蛋能有效减缓壳蛋衰变速度，延长壳蛋的保存期至1个月左右。

气调法的相关研究中，Aggarwal（2008）研究表明，气调包装组壳蛋的哈夫单位和蛋黄系数在整个贮藏期间均显著高于对照组壳蛋；Rocculi（2009，2011）等研究表明100%CO_2气调包装组能有效限制哈夫单位的减少和pH值的升高；刘美玉等（2012，2011）研究4℃和25℃条件下不同比例的三元气体（CO_2、N_2、O_2）对壳蛋的保鲜效果的影响，结果表明以50%CO_2+7（11）%O_2+43（39）%N_2在室温下贮藏壳蛋30天仍保持AA级，对照组降到B级；袁晓龙等（2014）研究了80%（60%）CO_2+20%（40%）O_2、80%（60%）CO_2+20%（40%）N_2、100%CO_2、80%（60%）CO_2+20%（40%）空气对壳蛋品质的影响，结果表明高浓度（≥60%）CO_2气体贮存效果显著，O_2、N_2、空气含量对壳蛋品质指标影响不大。

近年来，国内外关于壳蛋涂膜保鲜剂的研究主要集中在油脂类、可食性涂膜剂。Liu等（2009）分别采用壳聚糖涂膜及辐射线法保鲜壳蛋，结果表明壳聚糖保鲜效果最好；孟令丽等（2008）分别采用壳聚糖及添加氢氧化钠、醋酸钠防腐剂的复合保鲜剂对壳蛋进行涂膜处理，表明壳聚糖与氢氧化钙的复合保鲜剂保鲜效果优于单一的壳聚糖保鲜剂；Caner（2005）采用壳聚糖及添加乳清、虫胶的复合壳聚糖保壳蛋，结果表明，添加虫胶的壳聚糖保鲜效果最好；邢淑婕等（2014）采用竹汁和壳聚糖的复合型涂膜剂，壳蛋保存35天后其品质仍处于A级，表明壳聚糖具有一定的保鲜效果，但单一的壳聚糖保鲜效果不如复合型壳聚糖保鲜剂。此外，霍君生等（1994）研究表明，采用蜂胶涂膜壳蛋能使壳蛋较好的贮藏品质；Biladeau等（2009）采用石蜡、矿物油、乳清蛋白及大豆分离蛋白作为保鲜涂膜剂，结果表明石蜡保鲜效果最佳；吴玲（2013）采用干酪乳杆菌发酵液、壳聚糖保鲜壳蛋，表明干酪乳杆菌发酵液具有更好的保鲜效果；刘会珍等（2005）用壳聚糖、聚乙烯醇和液体石蜡保鲜剂涂膜壳蛋，结果表明保鲜效果壳聚糖最差，液体石蜡最好。

浸泡法是指将壳蛋浸入适宜的溶液与空气隔绝，阻止壳蛋中的水分向外蒸发，避免细菌污染，抑制蛋内CO_2逸出，以保鲜壳蛋；但浸泡法其溶液选取不当壳蛋存在裂纹等可能回引起壳蛋质量安全问题，因此并未在国内外广泛应用。辐射灭菌法是采用60Co或137Cs等同位素释放的γ射线照射食品抑制酶活性，杀灭微生物，实现保鲜目的，但容易出现坏蛋、黑蛋等，不适用于壳蛋保鲜（燕海峰，2007）。

浸泡法和辐射灭菌法因保鲜剂会引起壳蛋质量安全问题，未广泛应用于壳蛋保鲜技术中（燕海峰，2007）。

综合分析可以得出：冷藏法操作简单、管理方便、贮存期长，但能耗较大；气调法能够最小限度地影响新壳蛋的品质特征，有效延长货架期，但设备成本较高；涂膜法虽然操作简单，但易破坏壳外膜，部分涂膜剂会对壳蛋带来安全隐患。壳蛋的保鲜方法的优缺点对比分析结果，如表3-3所示。

表3-3　壳蛋不同保鲜技术的对比分析

方法	优点	缺点
冷藏法	操作简单，管理方便，贮藏期长，适于大规模经营贮藏壳蛋	设备投资成本较大，能耗高，壳蛋出冷库后货架期较短
气调法	最小限度地影响新壳蛋的特征，有效延长货架期，用于大规模保壳蛋	设备投资成本较大
涂膜法	操作简便、耗能低、涂后管理简单，便于运输	易破坏壳外膜，部分涂膜剂会对壳蛋带来安全隐患
浸泡法	无霉变、腐败率低、操作简便、费用少，适于大批量贮藏	蛋壳容易发暗，浸泡液可能渗入蛋内，蛋壳易破，应用较少
辐射灭菌法	能耗低，能够快速杀菌	相关研究表明：该方法易出现黑蛋、臭蛋，不适用于壳蛋保鲜

综合以上分析，兼顾效果、成本和易操作等特点，实验选用冷藏法和气调法两种保鲜技术。

基于上述有关壳蛋气调保鲜的研究，气调包装的气体配比对比分析，如表3-4所示。

表3-4 气调保鲜气体相关研究

文献来源	气体成分	气体配比	结论
Aggarwal（2008）	CO_2 CO N_2 O_2	$20\%CO_2+0.4\%CO+79.6\%N_2$ $20\%CO_2+80\%O_2=20\%CO_2+80\%N_2$	气调包装组的哈夫单位和蛋黄系数显著高于对照组壳蛋
Rocculi P（2009 2011）	N_2 CO_2	$100\%N_2$、$100\%CO_2$	$100\%CO_2$气调包装能有效限制哈夫单位下降
刘美玉（2011 2012）	CO_2 N_2 O_2	$35\%CO_2+（3\sim11）\%O_2$ $50\%CO_2+（3\sim11）\%O_2$ $65\%CO_2+（3\sim11）\%O_2$	$50\%CO_2$ $7\%\sim11\%$ O_2 $39\%\sim43\%N_2$的气调包装效果最好
袁小龙（2014）	CO_2 N_2 O_2	$80\%（60\%）CO_2+20\%（40\%）O_2$ $80\%（60\%）CO_2+20\%（40\%）N_2$ $100\%CO_2$ $80\%（60\%）CO_2+20\%（40\%）$空气	高浓度（$\geqslant60\%$）CO_2气调保鲜效果显著，O_2、N_2、空气含量对壳蛋品质影响不大

综合以上相关研究结果，均表明高浓度CO_2的贮存条件下壳蛋保鲜效果最好。且单一CO_2气体成本较低，因此试验的气调包装气体选择为$100\%CO_2$。

此外，相关研究表明壳蛋气调包装和低温结合保鲜的效果与气调包装室温（25℃）贮存效果相似（熊振海，2014）。因此实验设计为壳蛋气调包装后放置在恒温（25±1℃）条件下。

实验涵盖气调、冷藏贮存过程和终止气调、冷藏贮存直至壳蛋腐败变质的整个过程，及恒温（25±1℃）贮存条件下同等新鲜度壳蛋品质腐败变质的过程。

2. 材料与仪器

实验材料主要是壳蛋及CO_2气体。壳蛋来自北京某养殖场同品种、同日龄、饲料相同的蛋鸡同日产的壳蛋245枚，CO_2气体来自北京某气体销售公司。

实验所用设备包括：PRX-350A型智能人工气候箱；千分之一天平；游标卡尺（精度0.02mm）；FA25型匀浆机；台式酸度计pH211；法克曼蛋清分离器；标准筛40目；玻璃皿等。

3. 实验步骤

第一步，选用蛋壳清洁、大小均一、无裂纹的新壳蛋195枚，随机抽出5枚壳蛋，测定哈夫单位、蛋黄指数作为鲜蛋初始品质值。

第二步，将剩余的壳蛋分成35组，每组5枚壳蛋。对分组后的壳蛋进行称重、编号。

第三步，第1组至第16组每5枚放入100%CO_2包装袋内，置于25±1℃恒温箱中；第17组至第8组置5±1℃恒温箱中；第29组至第35组置于25±1℃恒温箱中作为对照组。

第四步，每3天测定一次哈夫单位、蛋黄指数及蛋白pH值，并以壳蛋品质降为A级即哈夫单位降为72作为壳蛋保鲜终止点（NY/T 1758-2009）。

第五步，保鲜终止时，将气调包装组、冷藏组壳蛋取出，置于25±1℃恒温箱中，每3天测定一次哈夫单位、蛋黄指数，直到壳蛋散黄为止。

最后，对实验结果进行整理。

依据我国现行分级标准及美国农业部蛋品标准规定（SB/T 10277-1997），把壳蛋剩余货架期定义为货架期结束日期与指标测定日期的时间间隔，并以壳蛋哈夫单位低于55，蛋黄系数低于0.35时的测试日期作为货架期结束日期。

实验所获取数据，如表3-5所示。

表3-5　实验结果数据

贮藏天数（天）	对照组			冷藏组			气调组		
	哈夫单位	蛋黄指数	货架期（天）	哈夫单位	蛋黄指数	货架期（天）	哈夫单位	蛋黄指数	货架期（天）
0	84.56	0.369 6	7	84.56	0.369 6	16	84.56	0.369 6	44
3	72.96	0.362 3	4	83.81	0.362 4	13	84.02	0.368 5	41
6	56.34	0.307 2	1	82.69	0.360 1	10	83.37	0.361 7	38
9	52.89	0.289 4	0	80.43	0.359 5	7	80.76	0.360 1	35
12	42.11	0.199 9	0	71.79	0.351 3	4	79.81	0.359 9	32
15	43.65	0.173 4	0	54.55	0.344 5	1	77.11	0.358 9	29
18	39.16	0.152 1	0	48.69	0.278 1	0	76.17	0.356 4	26
21	--	--	--	44.16	0.249 8	0	74.29	0.355 7	23
24	--	--	--	43.99	0.194 4	0	73.51	0.355 2	20
27	--	--	--	40.88	0.164 7	0	72.3	0.354 7	17
30	--	--	--	38.11	0.161 2	0	63.11	0.354 2	14
33	--	--	--	--	--	--	62.59	0.353 9	11
36	--	--	--	--	--	--	61.62	0.352 4	8
39	--	--	--	--	--	--	59.4	0.351 5	5
42	--	--	--	--	--	--	57.52	0.350 3 3	2
45	--	--	--	--	--	--	52.91	0.282 1	0

注："--"表示壳蛋散黄，实验测试终止

三、货架期预测模型的构建

分别构建了不同保鲜技术下的壳蛋货架期预测模型。

1. 气调保鲜技术下的壳蛋货架期预测模型的构建

气调保鲜技术下第3组、第5组、第9组和第11组数据用于模型验证，其他数据用于网络模型的构建，其壳蛋货架期预测所采用的BP神经网络模型构建过程如下。

（1）网络结构的选择

1个3层的BP神经网络可以完成任意的从n维到m维的映射（Robert Hecht-Nielsen，1989），因此，选择具有单个隐含层的3层BP神经网络结构。

（2）输入输出参数的确定

依据壳蛋气调包装和低温结合保鲜的效果与气调包装室温（25℃）贮存效果相似的研究，在气调保鲜技术下不考虑温度对货架期的影响。所采用BP神经网络的输入层和输出层参数为：

① 输入参数：哈夫单位，蛋黄指数。

② 输出参数：壳蛋货架期。

由于所用模型输入输出参数具有不同的量纲，为减少货架期预测模型的误判概率（孙增辉，2011），需对输入输出参数依照公式（35）进行归一化处理，处理结果，如表3-6所示。

$$p' = \frac{p - p_{\min}}{p_{\max} - p_{\min}}$$
　　　　　　　　　　　　　　　　　　　　　　（公式35）

式中，p'为归一化数据；P为原始数据；$p_{\min}$为原始数据最小值；$p_{\max}$为原始数据最大值。

表3-6　气调组壳蛋实验数据归一化结果

哈夫单位	蛋黄指数	货架期（天）
1.000 0	1.000 0	1.000 0
0.982 9	0.994 1	0.931 8
0.962 4	0.957 9	0.863 6
0.879 9	0.949 3	0.795 5
0.849 9	0.948 3	0.727 3
0.764 6	0.942 9	0.659 1
0.734 9	0.929 6	0.590 9
0.675 5	0.920 5	0.522 7

（续表）

哈夫单位	蛋黄指数	货架期（天）
0.650 9	0.912 5	0.454 5
0.612 6	0.856 5	0.386 3
0.322 3	0.789 9	0.318 2
0.305 8	0.484 3	0.250 0
0.275 2	0.289 6	0.181 8
0.205 1	0.071 5	0.113 6
0.145 7	0.225 1	0.045 5
0.000 0	0.000 0	0.000 0

（3）隐含层节点数的确定

BP神经网络输入输出层的神经元数由输入输出变量决定，而隐含层节点个数影响网络的非线性映射能力（Moody J O，1996），首先依据经验公式（36）计算节点数范围。得出节点数范围为：2～11。

$$n=(n_1+n_0)1/2+a \qquad （公式36）$$

式中，n_0为输入层节点数；n_1为输出层节点数；a为1～10之间的常数。

对网络隐含层节点数在2～11下的性能进行测试，结果表明隐含层节点数为7时网络收敛速度最快，如表3-7所示。故模型中隐含层节点数为7。

表3-7　不同隐含层数下网络性能

隐含层单元数	训练次数	误差精度
2	35	0.000 952 41
3	23	0.000 999 37
4	14	0.000 896 41
5	9	0.000 871 79
6	5	0.000 910 14
7	12	0.000 782 49
8	17	0.000 792 48
9	28	0.000 867 85
10	56	0.000 797 54
11	34	0.000 794 55

（4）模型结构的确定

所构建的BP神经网络模型结构，如图3-2所示。

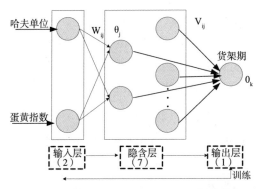

图3-2　气调保鲜技术下的BP神经网络模型

（5）网络函数的选择

BP神经网络中涉及函数有隐层传递函数、训练函数、学习函数、网络性能函数、仿真函数等。

传递函数常用S型的对数"logsig"、正切"tansig"或线性函数"purelin"。其中logsig函数将神经元的输入映射到（0，1）；tansig将神经元的输入映射到（-1，1）；purelin函数的输入输出值为任意值。而输入输出归一化至（0，1）区间内，为保证BP神经网络模型的非线性，因此隐含层及输出层传递函数均选取为logsig。

常用的训练函数包括：trainlm、trainrp、trainscg、trainbfg和traingdx。各函数的类型及特点，如表3-8所示。

表3-8　训练函数主要类型及特点

BP算法	适用问题类型	收敛性能	占用存储空间	其他特点
trainlm	函数拟合	收敛快，误差小	大	性能随网络规模增大而变差
trainrp	模式分类	收敛最快	较小	性能随网络训练误差减小而变差
trainscg	函数拟合 模式分类	收敛较快 性能稳定	中等	尤其适用于网络规模较大的情况
trainbfg	函数拟合	收敛较快	较大	计算量岁网络规模的增大呈几何增长
traingdx	模式分类	收敛较慢	较小	适用于提前停止的方法

由表3-8可知，trainlm具有收敛快、误差小、训练效果最优的特点，因此采用trainlm作为训练函数。

常用的学习函数包括：learngd、learngdm，其中learngdm函数需通过神经元的输入、误差和动量常数计算权值和阈值的变化率，learngd函数只需通过神经元的输入、误差计算权值和阈值的变化率。为提高网络训练速度，采用附加动量法构建BP神经网络，因此选取learngdm为学习函数。

BP神经网络的网络性能函数、仿真函数一般设置为模型默认参数，因此网络性能函数选择为mse，仿真函数为sim。

（6）网络训练

网络训练参数设置为：动量常数采用默认值0.9，学习速率为0.05，网络性能目标误差为0.001，训练的最大步数为10 000（潘昊，1997）。将模型构建数据输入设定好的网络模型中，经12次网络的正向和反正传播，得出的网络训练结果，如图3-3所示。训练样本数据的拟合结果，如图3-4所示。

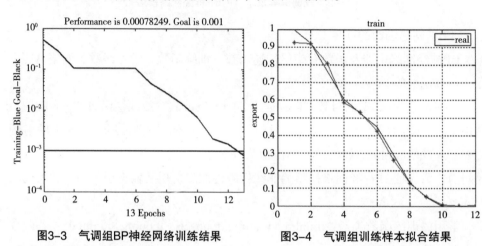

图3-3　气调组BP神经网络训练结果　　图3-4　气调组训练样本拟合结果

网络的权值及阈值为：

$$\omega_{ij}=\begin{bmatrix}0.358 & -0.190\\1.572 & 3.891\\0.705 & 4.377\\-0.957 & 1.734\\2.519 & 0.869\\-1.027 & 3.199\\5.113 & 0.981\end{bmatrix}\ \theta_j=\begin{bmatrix}3.760\\1.085\\-3.527\\0.341\\-0.577\\4.852\\0.938\end{bmatrix}\ v_{ik}=\begin{bmatrix}9.003\\5.147\\-1.898\\-4.379\\3.182\\10.611\\-2.931\end{bmatrix}\ o_k=[4.109]$$

2. 冷藏保鲜技术下的壳蛋货架期预测模型的构建

冷藏保鲜技术下第18组、第20组和第22组数据用于模型验证，其他数据用于网络模型的构建，其壳蛋货架期预测所采用的BP神经网络模型构建过程如下。

（1）网络结构的选择

与气调组的网络结构选择一致。

（2）输入输出参数的确定

所采用BP神经网络的输入层和输出层参数为：

输入参数：哈夫单位，蛋黄指数，温度。

输出参数：壳蛋货架期。

通过对输入输出参数依照公式（35）进行归一化处理，处理结果，如表3-9所示。

表3-9　气调组壳蛋实验数据归一化结果

温度（℃）	哈夫单位	蛋黄指数	货架期（天）
0.000 0	1.000 0	1.000 0	1.000 0
0.000 0	0.983 8	0.965 4	0.812 5
0.000 0	0.959 7	0.954 4	0.625 0
0.000 0	0.911 1	0.951 5	0.437 5
0.000 0	0.725 1	0.912 1	0.250 0
1.000 0	0.353 9	0.879 6	0.062 5
1.000 0	0.227 7	0.560 9	0.000 0
1.000 0	0.130 2	0.425 1	0.000 0
1.000 0	0.126 6	0.159 3	0.000 0
1.000 0	0.059 6	0.016 8	0.000 0
1.000 0	0.000 0	0.000 0	0.000 0

（3）隐含层节点数的确定

首先依据经验公式（36）计算节点数范围。其次得出节点数范围为：3～12。

对网络隐含层节点数在3～12下的性能进行测试，结果表明隐含层节点数为9时网络收敛速度最快，误差最小。具体如表3-10所示。故模型中隐含层节点数为9。

表3-10　不同隐含层数下网络性能

隐含层单元数	训练次数	误差精度
3	172	0.000 979 37
4	131	0.000 949 38
5	109	0.000 999 37
6	141	0.000 936 41
7	171	0.000 971 79
8	116	0.000 960 14
9	100	0.000 926 41

（续表）

隐含层单元数	训练次数	误差精度
10	112	0.000 992 48
11	128	0.000 967 85
12	135	0.000 977 54

（4）模型结构的确定

所构建的BP神经网络模型结构，如图3-5所示。

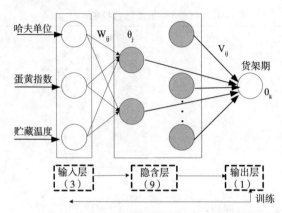

图3-5　冷藏保鲜技术下的BP神经网络模型

（5）网络函数的选择

与气调组所构建模型的函数选择一致。

（6）网络训练

网络训练参数气调组所构建模型的参数选择一致。将模型构建数据输入设定好的网络模型中，经100次网络的正向和反正传播，得出的网络训练结果，如图3-6所示。训练样本数据的拟合结果，如图3-7所示。

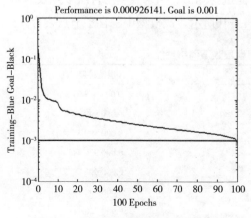

图3-6　冷藏组BP神经网络训练结果

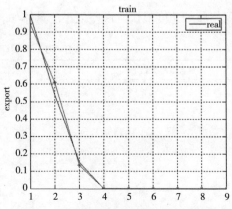

图3-7　冷藏组训练样本拟合结果

网络的权值及阈值为：

$$
\omega_{ij} = \begin{bmatrix} 3.247 & -2.115 & 0.729 \\ -2.413 & 1.731 & 4.314 \\ 1.573 & 0.990 & -0.342 \\ -4.590 & 3.481 & 1.683 \\ 2.197 & -0.712 & 2.766 \\ 1.021 & -3.097 & 0.995 \\ 3.472 & 2.453 & 2.537 \\ -5.801 & 4.717 & -0.704 \\ 0.739 & -2.449 & 1.207 \end{bmatrix} \quad \theta_j = \begin{bmatrix} -2.191 \\ 1.067 \\ 4.726 \\ -0.847 \\ 1.792 \\ 0.994 \\ 2.071 \\ -5.157 \\ 3.007 \end{bmatrix} \quad v_{ik} = \begin{bmatrix} 6.553 \\ 0.919 \\ -1.848 \\ 1.598 \\ 3.886 \\ -4.617 \\ 2.557 \\ -4.009 \\ 6.719 \end{bmatrix} \quad o_k = \begin{bmatrix} 5.801 \end{bmatrix}
$$

第四节　壳蛋货架期预测模型的验证

一、壳蛋货架期预测模型的验证方法

将气调组预留第3组、第5组、第9组和第11组的哈夫单位及蛋黄指数数据依次带入所构建的预测模型，预测壳蛋货架期，验证样本拟合结果如图3-8所示，精度如图3-9所示。并对预测结果依照公式（37）进行反归一化处理得出剩余货架期预测值，预测结果与实际值的对比如表3-11所示。

$$p = p'(p_{max} - p_{min}) + p_{min} \qquad\qquad 公式（37）$$

将冷藏组预留第18组、第20组和第22组的温度、哈夫单位及蛋黄指数数据依次代入所构建的预测模型，预测壳蛋货架期，验证样本拟合结果如图3-10所示，拟合精度，如图3-11所示。并对预测结果依照公式（21）进行反归一化处理得出剩余货架期预测值，预测结果与实际值的对比如表3-11所示。

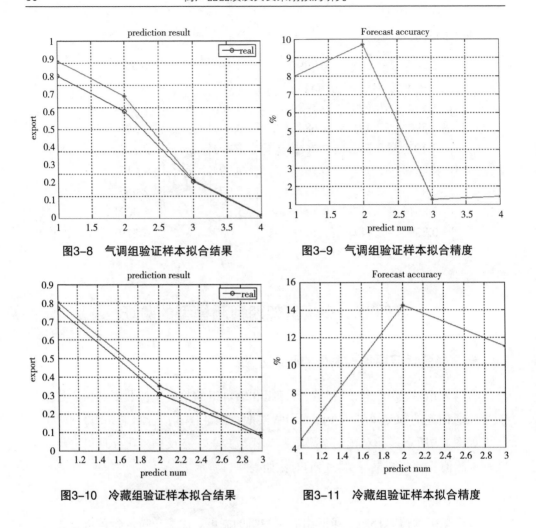

图3-8　气调组验证样本拟合结果　　　　图3-9　气调组验证样本拟合精度

图3-10　冷藏组验证样本拟合结果　　　　图3-11　冷藏组验证样本拟合精度

二、壳蛋货架期预测模型结论

表3-11　货架期预测结果

气调组				冷藏组			
组别	实际值（天）	预测值（天）	误差（%）	组别	实际值（天）	预测值（天）	误差（%）
3	32	34.55	7.97	18	10	10.46	4.60
5	26	28.52	9.69	20	4	4.57	14.25
9	14	14.18	1.29	22	1	1.11	11.00
11	8	8.11	1.38	--	--	--	--

由上述表3-11可知：

第一，气调组壳蛋采用BP神经网络方法构建的货架期预测模型的预测误差值在9.7%以内，平均误差为5.08%，预测精度达到94.92%。

第二，冷藏组壳蛋采用BP神经网络方法构建的货架期预测模型的预测误差值在14.3%以内，平均误差为9.95%，预测精度达到90.05%。

第三，气调组、冷藏组货架期预测结果都较接近真实情况，说明所构建的壳蛋货架期预测模型能够满足实际需要。

本章在定义物流过程中壳蛋货架期概念的基础上，依据对不同食品货架期预测模型方法的分析，选择BP神经网络模型作为壳蛋货架期预测模型。选取壳蛋物流过程中保鲜气体，通过实验测定了不同保鲜技术中和保鲜技术终止后壳蛋的品质变化情况。分别构建了$2 \times 7 \times 1$的气调保鲜技术下的BP神经网络结构，进行了网络训练，构建了气调保鲜技术下壳蛋货架期的预测模型；$3 \times 9 \times 1$的冷藏保鲜技术下的BP神经网络结构，进行了网络训练，构建了冷藏保鲜技术下壳蛋货架期的预测模型；模型验证结果表明所构建的货架期预测模型能够较准确的预测壳蛋的货架期。本章内容为下一章壳蛋货架期预测系统的设计提供了理论及模型支撑。

第四章 基于WebGIS的壳蛋货架期预测系统设计与实现

目前有关壳蛋货架期的研究多基于大量实验数据进行，以实验方式获取壳蛋货架期，存在着实验周期长、人力、物力、财力消耗大等方面的不足。壳蛋物流过程中涉及较多的环节，使得蛋鸡养殖场、壳蛋加工企业及壳蛋品质监管部门难以快速、实时、准确地了解壳蛋的品质状况，因此本章结合Web和GIS技术设计并实现了壳蛋货架期预测系统，实现壳蛋物流车辆调度及监控、壳蛋物流流向、货架期预测的直观展示。为蛋鸡、壳蛋加工企业及相关政府部门方便、及时进行货架期预测提供方案及建议。

第一节 系统需求分析

一、系统功能需求

近年来，北京市壳蛋消费量的逐年递增，壳蛋的流通模式多种多样，涉及的环节也较为复杂，不仅难以实现壳蛋品质的有效组织管理，而且单纯依靠经验判断并确定壳蛋货架期缺乏科学性，给消费者带来了一定的安全隐患。

目前有关货架期的研究建立在获取实验数据的基础上，需要耗费大量的人力、物力，同时难以直观展示壳蛋物流状况，因此，需要建立一个实时、简便、快捷及全面的壳蛋货架期预测系统，为企业及相关监测部门提供集壳蛋物流信息管理、货架期预测、预测结果分析为一体，具有壳蛋物流运输车辆调度与监测、壳蛋流向信息可视化展示及壳蛋货架期预测等功能的信息化管理平台。

综合以上的需求，本章将Web及GIS技术与壳蛋货架期预测模型相结合，设计了集信息查询、货架期预测、决策分析等为一体的壳蛋货架期预测系统。

本系统的用户主要分为3类：蛋鸡养殖企业管理人员，货架期管理人员及系统管理人员。由于不同用户的需求不同，同时为了维护系统的安全性，本系统针对不同的用户提供了不同的服务权限。用户通过登录名和密码登录系统，依照其权限进行相应的操作。

第一，实现壳蛋货架期的预测及物流信息的空间展示。借助模拟不同保鲜技术条件下壳蛋品质变化数据构建壳蛋货架期预测模型，为实现壳蛋、运输车辆调度、车辆监控、流向状况的空间展示，需将壳蛋品质数据与物流过程中的空间数据有效结合起来。

第二，为用户提供了基本的信息查询功能。包括农产品批发市场的分布状况、蛋鸡养殖场（户）的基本状况等信息的查询、浏览。

第三，壳蛋货架期预测、预测结果分析及壳蛋流向状况的可视化展示是用户的核心需求，该系统的设计和开发有助于提高蛋鸡企业管理效率及企业竞争力，为蛋鸡企业经营者和行业主管部门提供一个集信息查询、货架期预测、决策分析为一体的智能服务平台。

二、系统性能需求

基于WebGIS的壳蛋货架期预测系统在应用过程中可能会面对很多状况，因此需要满足以下性能需求。

第一，数据的准确性。本系统旨在对壳蛋物流过程中的货架期进行实时有效预测，以提高壳蛋物流过程中品质管理效率、为行业主管部门提供智能辅助决策服务。目前壳蛋的物流过程涉及环节较多，易出现信息的不对称。因此有关壳蛋物流状况的空间、属性信息必须要准确、可靠。

第二，数据安全性。本系统存储的大部分数据来自于企业产品的品质数据及产品物流信息数据，非常珍贵，也是保障系统货架期预测及物流信息展示的基础，因此数据的准确性及安全性不容忽视。

第二节　系统设计

一、总体结构设计

系统采用MVC中的3层B/S（浏览器/服务器）体系结构，包括：数据服务层、业务逻辑层和表现层，如图4-1所示。数据服务层是系统的基础，包括指标数据库、知识数据库、空间数据库及基础信息库，为信息查询、货架期预测等功能的运行提供数据支持；业务逻辑层是系统的核心，为系统实现货架期预测提供模型支撑，为物流分析及专题图制作提供GIS服务支撑；表现层是人机交互的端口，通过可视化的系统界面提供用户登录、面向用户的数据展示、信息查询、物流管理、专题图制作、货架期预测、预测结果分析及结果输出等功能。

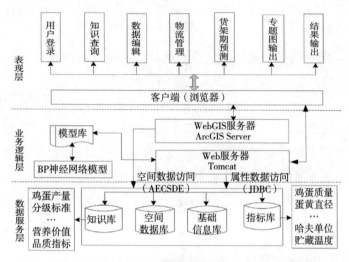

图4-1　系统体系结构

二、功能模块设计

根据系统设计目标，系统总体功能分为5个子模块：用户登录模块、信息查询模块、物流管理模块、货架期预测决策模块和系统管理模块，具体如图4-2所示。

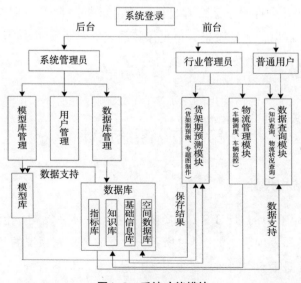

图4-2　系统功能模块

第一，用户登录模块。该模块是系统的入口，本系统用户包括普通用户、行业管理人员和系统管理员，用户通过登录名和密码登录系统，依照其权限进行相应的操作。

第二，信息查询模块。该模块主要针对普通用户，包括壳蛋知识查询、货架期知识查询、壳蛋物流状况查询。壳蛋知识查询主要是对壳蛋的产量、种类、营养、品质、标准、保鲜方法、辨别方法、烹饪技巧等知识的查询；货架期知识查询主要是查询壳蛋品质指标、货架期概念等知识；壳蛋物流状况查询主要是指壳蛋物流过程中养殖场（户）相关信息、物流保鲜技术及零售信息。

第三，物流管理模块。该模块主要针对行业管理人员，包括壳蛋物流运输车辆调度、车辆监控。车辆调度管理基于北斗/GPS车载终端，将定位车辆位置信息实时、精确的显示在车辆监控中心及移动目标终端；应用GIS技术构建路网数字化地图，根据道路交通状况及车辆位置信息，辅以最短路径模型等实现车辆实时调度、路径优化、路径规划，以减少物流配送时间、降低配送费用；车辆监控是基于北斗/GPS车载终端实现车辆行驶轨迹回放、远程锁车等，并对车辆超速、偏离预设路线、意外长期停车等情况进行报警。

第四，货架期预测决策模块。该模块是系统核心模块，用于货架期预测、预测结果分析及专题图制作。该模块通过输入壳蛋品质指标数据，调用货架期预测模型进行壳蛋剩余货架期预测，并将系统后期写入数据加入训练样本，优化BP神经网络预测模型，实现货架期预测功能；通过调用决策分析准则实现决策分析；为更直观形象地展现北京市壳蛋的物流状况，便于蛋鸡养殖场（户）直观了解壳蛋的流向，本模块提供了专题图功能，集蛋鸡养殖场基本状况、物流流向、零售信息等为一体专题图。

第五，系统管理模块。该模块包括用户管理、知识管理及预测结果管理。其中，用户管理包括用户的注册、登录和权限管理等，主要通过系统管理员赋予不同用户相应权限；普通用户查询权限，行业管理人员查询、数据添加、修改权限等；知识管理功能主要包括知识的添加、修改及删除等功能；预测管理主要是指货架期预测结果的输出、存档等功能。

三、数据库设计

本系统包含指标库、知识库、空间数据库和基础信息库4个数据库，数据库基于Microsoft SQL Server 2008设计且满足三范式规范。具体如下：

第一，指标库。该数据库用以存放温度、浓蛋白高度、壳蛋质量、蛋黄系数、哈夫单位、蛋黄指数、货架期预测结果等指标数据信息，为货架期BP网络训练、货架期预测及决策分析提供相应的数据支撑。

第二，知识库。知识库用以存放壳蛋产量、种类、营养、品质鉴别方法和标准、壳蛋保鲜方法、烹饪方法、货架期概念及判定方法等信息和知识，为用户进行信息查询及决策分析提供支持。

第三，空间数据库。空间数据库用来存放养殖场、销售终端、交通路网等地理信息，以便于在地图上进行养殖场、销售终端等的标记和展示。

第四，基础信息库。基础信息库主要用来存放保障系统安全所必需的登录信息，包括用户注册信息等。

各数据库的数据表通过数据表定义的主、外键实现连接。

四、决策准则设计

系统以决策树为决策分析准则。决策树是一种具有树状结构的判别网络，具有构造简单、准确度高等特点，是构建决策系统的强有力技术（闫一凡，2014）。

美国农业部蛋品标准规定鲜鸡蛋A级及以上为食用蛋，B级为加工蛋，C级部分供加工用（Bornstein S，1962）。因此本系统依据美国农业部蛋品标准规定将决策标准定为：当鸡蛋品质处于A级及以上时，继续以市场价格销售鸡蛋；当鸡蛋品质为B级时，鸡蛋应该用作蛋品深加工；当鸡蛋品质为B级以下时，鸡蛋已经不能食用，企业应该将鸡蛋回收。

相应地，结合目前国内外关于鸡蛋品质的标准，系统壳蛋物流过程中以不同保鲜技术下鸡蛋品质由A级降为B级的剩余货架期为决策树结点。综合鸡蛋货架期的预测结果、结点设置及决策标准，本系统决策树设计如图4-3所示。

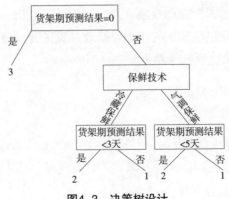

图4-3　决策树设计

其中，1—市场价格销售；2—蛋品深加工；3—企业回收。

依据本系统所设计的决策树，本系统所采用的决策分析流程如图4-4所示。

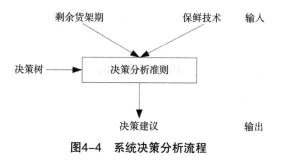

图4-4　系统决策分析流程

第三节　系统实现

一、系统开发技术及工具

依据软件工程学的方法，系统结合现有的模型方法，以SQL Server2008为数据库平台，以MyEclipse10为开发平台，采用java（jdk1.7）语言开发各类服务，以ArcGIS Server10.2为地图发布平台，部署于Windows Server2008Tomcat 7.0服务器上，并借助百度地图Direction API实现道路路径规划。考虑到软件的可扩展性和重用性，系统后台采用Spring MVC开发框架实现业务逻辑层、表现层和数据服务层的分离。前台采用Flex技术设计以满足客户端的需求。

1. java开发语言

Java是一门面向对象编程语言，不仅吸收了C++语言的各种优点，还摒弃了C++里难以理解的多继承、指针等概念，因此Java语言具有功能强大和简单易用两个特征。Java语言作为静态面向对象编程语言的代表，极好地实现了面向对象理论，允许程序员以优雅的思维方式进行复杂的编程。

Java具有简单性、面向对象、分布式、健壮性、安全性、平台独立与可移植性、多线程、动态性等特点。Java可以编写桌面应用程序、Web应用程序、分布式系统和嵌入式系统应用程序等。

JDK是Java语言的软件开发工具包，主要用于移动设备、嵌入式设备上的java应用程序。JDK是整个java开发的核心，它包含了JAVA的运行环境（JVM+Java系统类库）和JAVA工具。jdk1.7是2011年推出，经过6年多时间运行，产品相当成熟，目前是应用最广的开发环境。

2. MyEclipse

MyEclipse，是在eclipse基础上加上自己的插件开发而成的功能强大的企业级集成开发环境，主要用于Java、Java EE以及移动应用的开发。MyEclipse的功能非常强大，支持也十分广泛，尤其是对各种开源产品的支持相当不错。

MyEclipse企业级工作平台（MyEclipseEnterprise Workbench，简称MyEclipse）是对EclipseIDE的扩展，利用它我们可以在数据库和JavaEE的开发、发布以及应用程序服务器的整合方面极大的提高工作效率。它是功能丰富的JavaEE集成开发环境，包括了完备的编码、调试、测试和发布功能，完整支持HTML、Struts、JSP、CSS、Javascript、Spring、SQL和Hibernate。

MyEclipse是一个十分优秀的用于开发Java，J2EE的Eclipse插件集合，可以支持Java Servlet、AJAX、JSP、JSF、Struts、Spring、Hibernate、EJB3和JDBC数据库链接工具等多项功能。可以说MyEclipse是几乎囊括了目前所有主流开源产品的专属eclipse开发工具。

3. ArcGIS Server

ArcGIS Server基于强大的核心库ArcObjects实现，并以网络技术为通信手段，不仅实现了发布地图服务，同时也具有灵活的编辑和强大的分析能力。基于.NET的ArcGIS Server可以采用Maplex对地图进行标注，并且增强了无缝漫游、动态缩放、地图提示等高性能Web地图浏览工具，并为应用程序的故障恢复和轮转调度等提供支撑。其主要技术包括ArcSDE、Web地图应用、ArcGIS Mobile技术。

4. Spring MVC

MVC全名是Model View Controller，是模型（model）—视图（view）—控制器（controller）的缩写，一种软件设计典范，用一种业务逻辑、数据、界面显示分离的方法组织代码，将业务逻辑聚集到一个部件里面，在改进和个性化定制界面及用户交互的同时，不需要重新编写业务逻辑。MVC被独特地发展起来用于映射传统的输入、处理和输出功能在一个逻辑的图形化用户界面的结构中。

模型—视图—控制器（MVC）是Xerox PARC在20世纪80年代为编程语言Smalltalk—80发明的一种软件设计模式，已被广泛使用。后来被推荐为Oracle旗下Sun公司Java EE平台的设计模式，并且受到越来越多的使用ColdFusion和PHP的开发者的欢迎。模型—视图—控制器模式是一个有用的工具箱。

Spring MVC属于SpringFrameWork的后续产品，已经融合在Spring Web Flow里面。Spring框架提供了构建Web应用程序的全功能MVC模块。使用Spring可插入的MVC架构，从而在使用Spring进行WEB开发时，可以选择使用Spring的SpringMVC框架或集成其他MVC开发框架，如Struts1，Struts2等。

二、系统开发框架

本系统采用SSM开发框架，SSM开发框架是SpringMVC做控制器（controller），Spring管理各层的组件，MyBatis负责持久层。

Spring是一个开源框架，Spring是于2003年兴起的一个轻量级的Java开发框架，由Rod Johnson在其著作Expert One-On-One J2EE Development and Design中阐述的部分理念和原型衍生而来。它是为了解决企业应用开发的复杂性而创建的。Spring使用基本的JavaBean来完成以前只可能由EJB完成的事情。然而，Spring的用途不仅限于服务器端的开发。从简单性、可测试性和松耦合的角度而言，任何Java应用都可以从Spring中受益。简单来说，Spring是一个轻量级的控制反转（IoC）和面向切面（AOP）的容器框架。

Spring MVC属于SpringFrameWork的后续产品，已经融合在Spring Web Flow里面。Spring MVC分离了控制器、模型对象、分派器以及处理程序对象的角色，这种分离让它们更容易进行定制。

MyBatis本是apache的一个开源项目iBatis，2010年这个项目由apache software foundation迁移到了google code，并且改名为MyBatis。MyBatis是一个基于Java的持久层框架。iBatis提供的持久层框架包括SQL Maps和Data Access Objects（DAO）MyBatis消除了几乎所有的JDBC代码和参数的手工设置以及结果集的检索。MyBatis使用简单的XML或注解用于配置和原始映射，将接口和Java的POJOs（Plain Old Java Objects，普通的Java对象）映射成数据库中的记录。

SSM框架越来越轻量级配置，将注解开发发挥到极致，且ORM实现更加灵活，SQL优化更简便；而SSH较注重配置开发，其中的Hiibernate对JDBC的完整封装更面向对象，对增删改查的数据维护更自动化。SSM框架具有上述优点，目前SSM框架是最主流的系统开发框架。SSM系统架构，如图4-5所示。

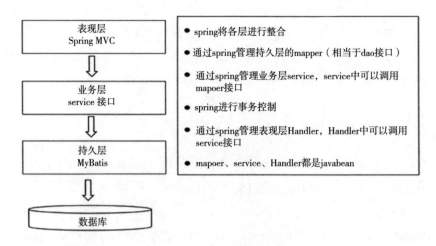

图4-5　SSM的系统架构

三、系统主要功能模块实现

1. 系统主界面显示

　　为保证系统安全，系统提供登录功能，系统主界面模块采用MVC模式进行开发，login.jsp和index.jsp组成显示层（View），显示层（View）负责视图上数据的采集和处理，以及用户的请求处理；indexAction类是业务逻辑控制层（Controller），负责接收用户请求，将模型与视图匹配在一起，共同完成用户的请求；UserDAO类是数据处理层（Model），UserDAO类基于面向接口编程的mybatis框架实现，负责从数据库获取目标数据。Login.jsp以POST方式，向indexAction类login（）方法发送登录请求，login（）方法调用UserDAO类的findUser（String name，String pwd），UserDAO类根据登录用户名调用mybatis方法进行数据查询，以List结果集或Null对象方式返回给LoginAction类，LoginAction类根据返回数据信息判断系统用户是否登录成功，登录成功调到首页index.jsp，登录失败调到login.jsp并给予相应的提示。功能实现流程图如图4-6所示，系统主页面实现如图4-7所示。

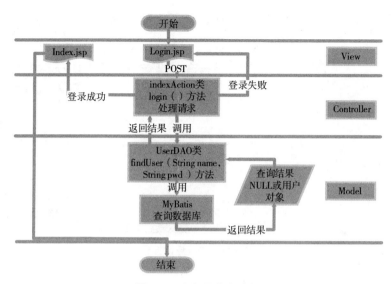

图4-6 流程图实现流程

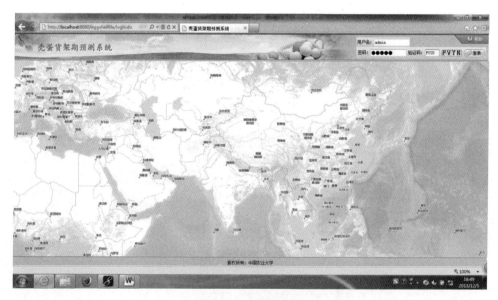

图4-7 系统主页面

2. 信息查询

（1）知识查询

知识查询功能是用户登录系统后的首要功能之一，用户登录系统后系统界面如图4-8所示。用户在知识标题中输入查询关键词由系统进行匹配检索并显示相应的知识。以用户输入关键词"鸡蛋产量2012年"为例，系统匹配检索相应的数据，并在系统界面以专题图的形式展示。

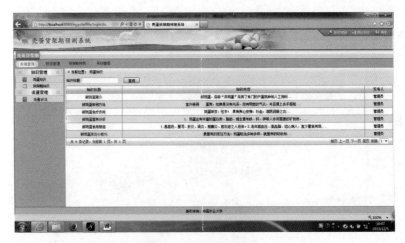

图4-8　知识查询界面

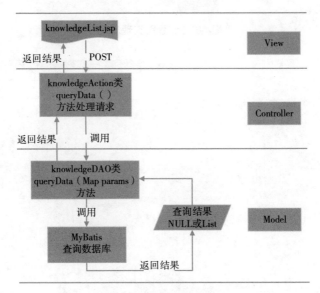

图4-9　知识查询流程

　　知识查询功能模块采用mvc结构实现：knowledgeList.jsp前端view层，负责数据输入和展示，knowledgeAction是业务处理层，knowledgerDAO类是数据处理层（Model），knowledgeDAO类基于面向接口编程的mybatis框架实现，负责从数据库获取目标数据。系统登录知识查询功能流程如图4-9所示，knowledgeList.jsp以POST方式，向knowledgeAction类queryData（）方法发送登录请求，queryData（）方法调用knowledgerDAO类的queryData（），queryData类根据登录用户名调用mybatis方法进行数据查询，以List结果集或Null对象方式返回给knowledgeAction类，knowledgeAction类根据返回数据信息传输给knowledgeList.jsp，用户查询结果展示（图4-10）。

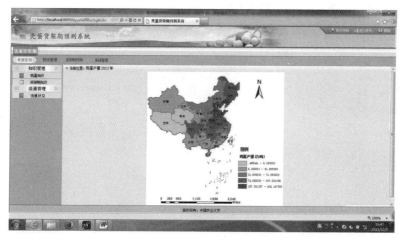

图4-10　知识查询结果界面

（2）流向查询

流向查询是系统信息查询的另一大功能，用户在企业名称中输入企业名称关键词由系统进行匹配检索并显示相应的企业壳蛋流向状况。以北京正大蛋业有限公司为例，用户输入关键词"正大"，系统匹配检索得出的正大蛋业的壳蛋流通状况，如图4-11所示。流向查询实现流程跟知识查询类似，不做赘述。

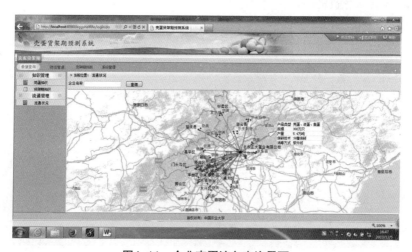

图4-11　企业壳蛋流向查询界面

3. 物流管理

物流管理是系统的主要功能之一，用户登录系统后，选择物流管理，在物流管理界面选择车辆调度，输入物流运输车辆的起始点及终点信息，实现车辆的最优路径选取，如图4-12所示。物流管理实现流程跟知识查询类似，不做赘述。

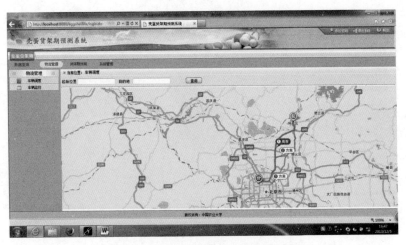

图4-12　壳蛋运输车辆调度管理界面

4. 货架期预测

壳蛋货架期预测是系统的核心功能之一，用户登录系统后，选择货架期预测，在货架期预测界面选择壳蛋的保鲜技术并输入相应的模型输入参数，调用所构建的BP神经网络模型实现货架期预测，如图4-13所示。货架期预测实现流程跟知识查询类似，不做赘述。

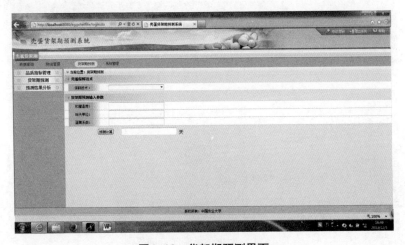

图4-13　货架期预测界面

5. 预测结果分析

货架期预测结果分析是系统的另一核心功能，以气调组第36天所测实验数据为例，其剩余货架期预测结果为8天，选择预测结果界面输入剩余货架期及保鲜技术，点击决策分析按钮，得出决策建议：此时鸡蛋仍处于可销售状态，但应在在剩余货架期内应尽快以市场价销售，如图4-14所示。预测结果分析实现流程跟知识查询类似，不做赘述。

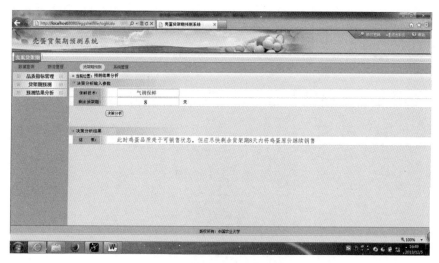

图4-14　货架期预测结果分析界面

依据前文的研究结果，本章节设计开发了基于WebGIS的壳蛋货架期预测系统，在对系统的需求分析进行说明的基础上，详细描述了系统的总体框架、工作模块设计以及数据库设计，并简要说明了本系统的开发环境。

壳蛋货架期预测系统由用户登录模块、信息查询模块、物流管理模块、货架期预测决策模块和系统管理模块5个模块组成，以期在实现壳蛋货架期预测的基础上，实现壳蛋知识、货架期知识、壳蛋物流流向等数据信息的查询。不仅使用户能够快速查询壳蛋的货架期，也能实现壳蛋企业物流信息的可视化，以期提高企业的竞争力和管理部门的管理效率。

冰鲜鸡肉物流温度监测与
货架期预测管理

第五章 绪论

第一节 关于冰鲜鸡肉物流温度监测与货架期预测管理的由来

一、问题的提出

随着中国经济快速发展和人民生活水平的提高，鸡肉在国人饮食中的比重逐步提高。美国哈佛公共学院推出的"健康餐盘"将鸡肉（禽肉）列为健康蛋白质的来源，主要原因是它们含有的饱和脂肪比起红肉（红肉包括牛肉、羊肉和猪肉）相对较少（骆景铭，2002）。但鸡肉在中国消费量偏低，目前中国人均鸡肉消费量为10千克/年，美国人均为42千克/年，巴西人均为48千克/年。与美国和巴西相比，中国人均鸡肉消费水平较低，未来增长空间较大。目前，全世界肉鸡消费量8 800多万吨，美国1 533多万吨占第一位，而中国1 234万吨占第二位，随着人们对生活质量要求的提高以及中国庞大的人口基数，鸡肉的消费量将逐渐增加。为了防止疫情，中国北京市、上海市、广州市、成都市等大城市，先后禁止了活禽的交易，冰鲜鸡肉将会成为必然选择。冰鲜鸡肉具有肉质新鲜、保质期长、汁液流失少、营养价值高、卫生安全、食用方便、质地组织好、滋味鲜美等特点，冰鲜鸡肉将是中国鸡肉产业的趋势，成为市场的主流消费方式。

冷链运输是保证冰鲜鸡质量安全的重要手段。易腐性是冰鲜鸡肉的重要特性，在物流运输过程中温度过高就容易引起鸡肉腐烂变质。在冰鲜鸡肉冷链运输过程中需要通过控制冷链运输车厢内温度，保证所运输冰鲜鸡肉产品始终保持在适宜的环境中，最大限度地保证运输冰鲜鸡产品的品质，减少损耗（Yahia，2009）。

现有冰鲜鸡肉运输预警系统难以满足冰鲜鸡肉运输的需要。对冷链运输过程进行有效的监管，已经成为各国共识和普遍关注的热点问题（傅泽田，2013）。对冷链运输过程中产品温度的变化进行有效的监测和预警，可以确定运输过程中产品是否处在合适温度环境中，增加冷链运输过程的透明性，发生问题及时进行溯源，减少损失（刘静，2013）。但是，目前中国冰鲜鸡肉冷链运输监测技术落后，对冷藏车厢环境状态的动态监测评价不足。大多数企业是将温度监测仪器置于车内，等运输结束后，人工将温度监测仪与电脑连接存储数据，以备查询。这种管理滞后和运输监测技术落后的状态，已经远远不能满足快速发展的冷链运输行业的要求。

基于无线传感网络是冰鲜鸡肉冷链运输发展必然趋势。利用信息化技术，实时监测冰鲜鸡肉运输过程中的温度，对于保证冰鲜鸡肉品质安全具有重要的意义。无线传感网络（WSN：Wireless Sensor Network）是计算机技术和网络技术深刻融入现实世界的产物，目前已经日趋成熟，在工业、农业、军事、城市管理、建筑物监控等领域已显示出很高的应用价值。无线传感网络可以在任何时间、地点和任何环境条件下采集海量数据（纪德文，2007），可以为冰鲜鸡肉冷链运输中的监测提供可靠的技术支持。

二、研究的意义

加快冷链运输预警研究是冰鲜鸡肉冷链发展的要求，2014年和2015年中央一号文件都提出加快构建农产品冷链物流体系。

然而，冰鲜鸡肉具有高度易腐的特点，在生产加工、包装、运输、贮藏和销售过程中易受到微生物的污染（孙彦雨，2011；Khanjari等，2013），如果温度控制不当，冰鲜鸡肉极易发生腐败变质，在实际流通过程中，其腐败变质不仅危害消费者的健康，也给企业造成经济损失（Aymerich等，2008；Economou等，2009；Nychas等，2008）。随着消费者食品安全意识的日益提高，政府相关部门和企业对食品安全的重视，冰鲜鸡肉的品质及货架期受到越来越多的关注（Alzoreky等，2003；傅泽田等，2013；Xiong等，2015），在购买冰鲜鸡肉时不仅要求营养、安全，还要求有较良好的感官特性。货架期是消费者判断冰鲜鸡肉品质的重要依据，同时也是企业确保产品质量、销售等方面的重要根据，如何科学、有效地测算和预测冰鲜鸡肉货架期具有重要的现实意义。

国内外学者围绕冰鲜鸡肉已经做了大量研究，目前主要集中于冰鲜鸡肉的品质表征指标、冰鲜鸡肉保鲜技术、冰鲜鸡肉货架期的影响因素等方面。但有关冰鲜鸡肉货架期预测的研究还不多见。传统意义上的货架期一般是指消费者认为冰鲜鸡肉已经达到感官不可接受的地步，并且开始腐败不能食用。但是感官评定经常受到消费者主观因素的影响而存在一定的差异；另外，在冰鲜鸡肉将要腐败和腐败早期，其外在不存在明显的差异，消费者很难判断。故狭义的感官判断肉的腐败具有很大的局限性。采用检测手段判断产品的货架期，一般需测定微生物菌落总数，但检测周期较长，冰鲜鸡肉的货架期较短，货架期判断存在滞后性。通常冰鲜鸡肉的货架期为1周左右，在不适宜的温度下贮藏时间更短。因此，对于冰鲜鸡肉来说，贮藏温度的监测指示就成为一个研究热点。信息化技术的发展，尤其是智能预测在诸多研究领域的的广泛应用，为冰鲜鸡肉货架期的智能化预测和高效管理提供了重要的技术手段。

基于以上分析，本研究在北京市农业局财政项目"现代农业产业技术体系北京市家禽创新团队建设项目（京农发〔2012〕62号）"的支持下，通过对冰鲜鸡肉运输现状和无线传感网络应用发展的分析，本研究从冰鲜鸡肉冷链运输车辆车厢环境特点出发，运用无线传感网络技术等，探索适合冰鲜鸡肉冷链运输特点的数据感知与传输方法，建立基于多传感器数据采集的冰鲜鸡肉冷链运输监测方案；构建预测模型，设计并实现预警系统；实现对冰鲜鸡肉冷链运输全程监测与预警，保证冰鲜鸡肉冷链运输全过程处于适宜环境中。并从冰鲜鸡肉的冷链物流流程入手，分析冰鲜鸡肉的品质变化机理，在构建冰鲜鸡肉货架期预测模型的基础上，设计并开发冰鲜鸡肉货架期预测系统。

第二节　国内外研究现状

以下从冷链运输数据信息采集、数据信息传输、预测与预警、食品货架期预测的方法和模型、食品货架期预测系统以及冰鲜鸡肉品质及其货架期等几方面的国内外相关文献进行分析，通过综述相关的研究方法及其理论模型，提出本章清晰的研究思路，为后文的研究和分析奠定良好的理论基础。

一、冷链运输数据采集技术研究

传统的温度管理方式是采用在冷藏运输工具和仓库安装温度计，当一次运输过程结束后，通过人工将温度计与电脑进行物理连接，把温度数据导入电脑中以备查询（张小栓，2011）。随着物流的发展以及技术的进步，传统的温度采集方式已不能满足物流的需要，因此对温度采集技术提出了更高的要求。

在TTI应用方面，Bobelyn（2006）采用酶型TTI对双孢菇冷链物流过程中温度指标进行采集；Giannakourou（2003）采用酶型TTI对豆角冷链过程中温度指标进行采集；Kim（2013）利用微生物型TTI对猪肉物流过程中温度指标进行采集；Vaikousi（2009）利用微生物型TTI对牛肉物流过程中温度指标进行采集；乔磊（2013）利用酶型TTI对猪肉物流过程中温度指标进行采集。TTI能够实时反映出温度与品质的实时关系，但无法提供数据上传功能。

在RFID应用方面，徐丽敏（2013）利用RFID对冷鲜肉物流过程中温度指标进行采集。Abad（2009）采用RFID对鲜鱼物流过程中温度等指标进行采集。汪庭满（2011）采用RFID智能标签对冷冻鱼冷链过程中温度进行采集。Yan（2009）等开发了基于RFID的冷链物流温度监控系统，利用RFID标签、温度传感器和GPS技术，实现冷链物流过程中温度采集和实时定位。周仲芳（2008）等发现RFID传感器通过射频信号自动识别标签并获取数据，而且识别过程中无须人工干预，可适用于各种恶劣的工作环境。汪庭满（2011）设计开发基于RFID无线传输技术监控冷藏车内产品的温度监控系统，该方案采用数据集中上传的方式，该方式存在一定的数据延迟，不能满足实时上传冷藏车内的温度的要求。赵长青（2010）等设计开发基于RFID技术结合GPRS和GSM网络技术的食品冷链运输的温度监控与预警系统，能够实现对运输过程中食品温度的实时监控和预警有效保证冷链食品运输中食品品质。

二、冷链运输数据传输研究

数据传输是数据采集系统与数据处理系统的中介，是决定整个采集系统能否正常运转的核心环节。基于GSM（Global System for Mobile Communication）的短消息数据传输和在此基础上的基于GPRS的分组数据传输使得冷链物流运输过程中采集的数据能够实现远程监控。为了进一步降低企业的物流成本，基于廉价Zigbee技术的冷藏温度无线传感器网络和GRPS技术结合的方式应用在物流运输中。付雄新等（2010）建立了冷藏集装箱（冷藏车）内部参数监控的无线传感器网络，通过智能终端与无线移动网络和因特网的无缝连接，将数据传输到指定数据服务器。徐丽敏等（2013）设计了基于Zigbee技术的冷藏温度无线传感器网络、基于RFID技术的冷鲜肉识别以及基于GPS/GPRS技术的地理位置信息采集及无线传输模块，实现冷链物流车厢内对温度的实时监控、冷鲜肉食品信息的可查询化以及冷链物流车辆地理信息的实时采集。

三、冷链运输预警发展研究

我国冷链运输起步较晚，前期阶段几乎没有预警方式，传感器采集数据一般用于产品的追溯。基于冰鲜肉对温度范围要求十分严格，冷链运输过程中的预警要求逐步出现，最早相关企业通过人工方式进行通知，该方式耗费大量人力物力。随着移动智能终端的发展，出现了基于手机、PDA等的冷链预警技术。赵长青等（2010）设计开发基于RFID技术结合GPRS和GSM网络技术的食品冷链运输的温度监控与预警系统，该预警体系在系统中生成预警信息，相关的用户通过PDA等设备登录系统中查看相关的预警。这种方式虽然能够实现信息的预警，但该方式不具备实时预警的特点，受人为因素控制很大。宫玉龙等人（2013）设计基于RFID的冷链运输远程监测系统，该系统提供通过安装车载智能终端每隔一定的时间向服务器实时数据请求获取实时温度，然后跟客户端设置预警范围进行比对，如果超标发出报警声音。该体系基于C/S的方式预警，系统后期升级将浪费大量时间和人力。万国锋（2013）为保证杭州市中医院药品、疫苗、血液制品等温度敏感性医用产品在冷链储运过程安全采用以无线传感节点为基础，配合GPRS/GSM网络进行温度信息的采集，数据监控中心根据设计温度预警范围，通过短信等通信方式进行预警。冰鲜肉的温度预警可以借鉴上述方式。

四、食品货架期预测的方法和模型

1. 食品货架期预测方法

食品从生产、加工、运输、贮藏到最终消费者手中，受微生物、物理、化学等因素的影响，品质逐渐发生变化。货架期预测是通过系统研究食品品质变化机理来实现的。食品货架期预测方法主要分为两种（陈晓宇等，2015）：一是不考虑食品品质变化过程所发生的内在原因，只通过数据相关性分析来研究食品品质变化与环境历程的关系，以此来预测货架期（王勋等，2013；叶藻等，2015；吴文锦等，2015）；二是选择关键的食品品质表征指标，基于化学动力学、微生物生长动力学等相关原理来研究品质表征指标的变化规律，进而实现货架期的预测（邱春强等，2012；陈建林等，2015；李苗云等，2008；李飞燕，2013；刘雪等，2015；Whiting等，1993；仙鹏等，2007）。

2. 食品货架期的预测模型

基于原理不同，食品货架期预测模型主要分为基于化学动力学的货架期预测模型、基于微生物生长动力学的货架期预测模型、基于温度的预测模型以及其他预测模型（陈晓宇等，2015；李媛惠，2013；Whiting等，1993）。

基于化学动力学的货架期预测模型（邱春强等，2012；陈建林等，2015）主要是结合零级或一级反应方程和Arrihenius方程实现货架期预测，其中，Arrhenius方程用于描述温度对食品品质的影响。邱春强等（2012）利用Arrhenius方程，以TVB-N为品质指标，建立了酱卤鸡肉货架期的预测动力学模型；陈建林等（2015）利用TVB-N变化速率常数与贮藏温度之间的Arrhenius方程以及TVB-N含量与贮藏时间之间的一级动力学方程建立了重组虾肉货架期预测模型。

基于微生物生长动力学的货架期预测模型（李苗云等，2008；李飞燕，2013；李媛惠，2013）主要是通过描述食品中特定腐败菌的生长规律，预测其生长状况，从而实现货架期预测。Whiting等（1993）将食品预测微生物模型分为一级、二级、三级模型。其中，描述微生物数量随时间变化的关系的一级模型，主要包括修正的Gompertz模型、Baranyi模型、Huang模型以及Logistic函数等；描述温度对微生物影响的二级模型，主要包括平方根模型、Arrhenius方程；建立在一级模型和二级模型基础上的应用软件程序的三级模型。李苗云等（2008）应用修正的Gompertz函数描述特定腐败菌在不同温度下的生长动态，并采用平方根模型进行二级模型拟合，从而构建了冷却猪肉贮藏过程中货架期的预测模型。

基于温度的货架期预测模型（顾海宁等，2013）通常是结合Q10模型和Arrhenius方程获得货架期预测模型。

其他预测模型包括人工神经网络（刘雪等，2015；Siripatrawan and Jantawat.，2008）和威布尔危险值分析法（Whiting等，1993）。人工神经网络（Artificial Neural Network）是应用工程技术、计算机手段模拟生物神经网络的结构和功能，通过用大量与自然神经系统细胞相类似的人工神经元联结成网络，实现知识并行分布处理的人工智能系统。Siripatrawan and Jantawat（2008）运用神经网络中的MLP（multilayer perceptron，多层感知器）运算法则，许多因素都可以合到一个模型中，包括食品属性，包装因素以及贮藏环境，然后根据衰退系数和均方差得出来各个因素的权重，从而得出预测。

五、货架期预测系统研发

国内外已经出现微生物生长预测数据库和预测系统。现有的预测系统基于特定腐败菌生长动力学的原理，考虑的环境因子以温度、pH值、水分活度为主，构建了相关的数据库，实现货架期预测。现有系统针对的产品及其使用方式各自特点，如表5-1所示。

表5-1　国内外常见的微生物生长数据库和货架期预测系统

货架期预测系统	研究对象	特点	环境因子	网址
ComBase	全球最大的免费预测微生物学数据库，有在线数据库和预测软件两种形式	开放性、多种食品微生物预测模型	温度、pH值、NaCl浓度以及CO_2或有机酸	http://browser.combase.cc/Search.aspx
Sym'Prev-ius	可以对模型输出结果进行分析的专家系统，由数据库、模型系统和数据分析工具三个单元组成	不开放、具有分析功能	培养条件、pH值、生产过程、水分活度及保存条件	http://symprevius.eu/en/
GroPIN	包含367种模型，针对29种病原体和43种腐败菌的生长规律	简单实用	温度、水分活度、CO_2	http://www.aua.gr/psomas/gropin/
SMAS	基于TTI技术的肉类供应链质量安全保障系统，在建	全程监测货架期和质量风险评估	温度、pH值、水分活度	http://smas.chemeng.ntua.gr

除了上述预测系统外，杨宪时等（2006）以Visual Basic为程序编写工具，设计并实现了养殖鱼类货架期预测系统，实现了罗非鱼新鲜度和剩余货架期的实时、可靠预测；菅宗昌等（2013）以Visual Basic和SQL Server为开发工具，设计并实现了食品防潮包装货架期系统，实现了货架期的快速预测；Qi等（2014）基于无线传感器网络（WSN）技术设计并实现了食品冷链运输中的货架期预测决策支持系统，系统测试和评估结果表明该系统能准确预测食品货架期，满足消费者的需求；Koutsoumanis等（2002）研究以微生物生产动力学模型为货架期预测模型，设计并实现海产鱼的货架期决策系统。

六、冰鲜鸡肉货架期研究

冰鲜鸡肉货架期是指冰鲜鸡肉经屠宰、加工、包装后在0~4℃的贮藏条件下运输、销售所能满足消费者所需的感官、化学、物理及微生物特性和食品安全，且所含营养成分与标签一致的时间长度（陈家华等，2007；丁宁等，2009；Kanatt等，2006）。国内外学者对于冰鲜鸡肉货架期的研究主要分为两方面：一是在传统的感官评价、理化分析和微生物分析的基础上判断冰鲜鸡肉品质特性，判断货架期（王勋等，2013；叶藻等，2015；吴文锦等，2015）；二是通过构建冰鲜鸡肉货架期预测模型和货架期智能预测装置，预测货架期（李苗云等，2008；李媛惠，2013；Brizio等，2014）。

修琳等（2007）分析了不同温度下鸡肉新鲜度的变化情况，分析了在腐败变质过程中鸡肉各项理化指标随时间以及挥发性盐基氮的变化规律。李特等（2008）研究不同温度贮存鸡肉的过程中，挥发性盐基氮、pH值、鸡肉弹性的恢复距离和鸡肉弹性的峰值力随时间的变化关系，分析了pH值、鸡肉弹性的恢复距离、鸡肉弹性的峰值力和挥发性盐基氮的关系，然后以挥发性盐基氮和pH值作为因变量，鸡肉弹性的恢复距离和鸡肉弹性的峰值力作为自变量，做相关性研究，最后用偏最小二乘法建模得出变量间的关系方程。为在线检测鸡肉新鲜度的数学模型的建立，提供数据基础。

李媛惠（2013）研究表明，以Gompertz模型拟合的生长速率和迟滞期建立生鲜鸡肉假单胞菌的二级模型效果最佳。Bruckner等（2013）以假单胞菌为特定腐败菌，以实验采集到的数据作为基础，采用修正的Gompertz方程为一级模型，Arrhenius方程为二级模型构建了对鲜禽肉通用的货架期预测模型，并在动态温度条件下进行验证，观测值与预测值的平均差为11.1%，指出要利用模型作为一个有效的管理工具来提高供应链的品质管理水平。李忠辉等（2011）对冷鲜鸡胸肉初始菌相中的主要腐败菌进行分离研究，采用Gompertz方程对主要腐败菌的生长曲线进行拟合，得出在2℃、4℃、8℃和10℃下冷鲜鸡胸肉的货架期分别为14天、10天、5天和3天。

七、文献评述

文献分析表明，国内外学者在冷链运输数据信息采集、数据信息传输、冷链运输预警、食品货架期预测方法和模型、货架期预测系统和冰鲜鸡肉品质及其货架期等方面做了大量研究，这些研究的发展趋势主要体现在以下几个方面。

目前已有的冷链物流信息系统大多是基于RFID的，基本实现了温度采集和实时定位，但在更多的指标采集和监测网络的灵活组织上，可扩展空间较小。

无线传感网络正日趋成熟，在工业、农业、环境监测等领域的应用均有成功案例，在冷链物流方面的应用研究则刚刚起步。

目前，国内外在WSN数据管理方面的研究主要侧重数据处理过程的某一阶段，性能稳定且集成了数据采集、传输、融合方法的数据管理中间件还没有出现。

第一，目前国内在冷链运输预警的研究较少，相关研究仅涉及在报警方面，因此对冰鲜鸡肉冷链运输预警的研究很有必要。

第二，目前针对食品货架期预测方法和模型的研究较为成熟，能够为冰鲜鸡肉货架期预测研究提供支撑。

第三，目前针对冰鲜鸡肉品质及其货架期的研究主要是集中在通过传统的感官评价、理化分析和微生物分析来判断其品质特性以及研发冰鲜鸡肉保鲜技术上，在货架期预测方面有一定的研究进展，但相对较少，还没有将货架期预测模型应用于开发货架期预测系统的研究。

第四，传统的货架期预测方法耗时较长，如何应用信息技术与冰鲜鸡肉货架期预测模型结合来实现冰鲜鸡肉货架期的高效预测、智能化管理将成为冰鲜鸡肉的品质管理必然的发展趋势。

第三节　研究目标与内容

一、研究目标

本研究旨在上述分析的基础上，以冰鲜鸡肉为研究对象，设计基于WSN的冰鲜鸡肉冷链运输温度预警方案和构建基于BP神经网络的温度预测模型。实现对影响鸡肉品质的温度参数采集，并对温度数据进行分析、处理、预测，建立温度监测与预警系统，实现冰鲜鸡肉冷链运输温度监测与预警，分析冰鲜鸡肉冷链物流以及品质影响因素，通过构建冰鲜鸡肉货架期的预测模型，设计并开发冰鲜鸡肉货架期预测系统，以期为冰鲜鸡肉的品质预测，提高企业管理冰鲜鸡肉品质的水平，增强企业竞争力提供支持。

二、研究内容

1. 冰鲜鸡肉冷链运输温度预警方案设计

通过对冰鲜鸡肉冷链运输需求、冷链运输过程、冷链运输现状和冷链运输关键因素分析，结合冰鲜鸡肉冷链运输的特点确定冰鲜鸡肉预警指标为温度。为保证车厢内温度监测的准确性，采用多传感器采集方式，确保温度监测的准确性和完整性。通过对温度数据采集、传输方式分析，确立ZigBee和GPRS结合技术实现温度监测数据近距离和远距离传输，达到实时、精确地获取冷链运输车厢的温度监测数据目的。结合冰鲜鸡肉品质变化特点，制定温度预警规则，实现冰鲜鸡肉冷链运输过程中温度预警。

2. 冰鲜鸡肉冷链运输预测模型构建

依据冰鲜鸡肉冷链运输监测数据，分析和比较线性回归、时间序列AR模型、人工神经网络等预测方法，选取合适预测方法，构建恰当的温度预测模型，从而提高预测模型准确性与可靠性。通过实际温度监测数据，对温度预测模型进行验证。

3. 冰鲜鸡肉冷链运输监测与预警系统开发与测试

本系统采用java开发语言和MVC架构开发，系统包括后台数据处理子系统和前端展示系统两部分。后台处理子系统实现对冰鲜鸡肉冷链运输温度预警方案数据处理、存储、预测及预警。前端子系统采用B/S模式实现温度监测实时展示、温度历史数据查询与统计及预警设置与查询，集成短信发送模块实现预警信息及时准确的推送。依据测试用例进行系统功能测试，采用LoadRunner进行系统性能测试。

4. 冰鲜鸡肉品质及其影响因素分析

选取合适的货架期品质指标是构建冰鲜鸡肉货架期预测模型的关键，冰鲜鸡肉品质的表征指标有很多，主要分为感官指标、理化指标和微生物指标，通过对冰鲜鸡肉冷链物流的调研，分析冰鲜鸡肉品质的影响因素可以找出关键影响因子，确定关键的品质表征指标，从而为预测货架期提供理论依据。

5. 冰鲜鸡肉货架期预测模型构建

对比分析食品货架期预测方法，结合微生物生长动力学的原理，构建冰鲜鸡肉货架期预测模型，并对冰鲜鸡肉货架期预测模型进行验证。

6. 冰鲜鸡肉货架期预测系统开发与测试

依据软件工程的方法，进行系统分析和系统设计；采用java开发语言和MVC架构进行冰鲜鸡肉货架期预测系统开发。最后依据测试用例进行系统功能测试，采用LoadRunner进行系统性能测试。

第四节　研究方法与技术路线

一、研究方法

本节采用文献分析和企业实际调研的方法，分析在冷链运输数据信息采集、数据信息传输、冷链运输预警、食品货架期预测方法和模型、货架期预测系统和冰鲜鸡肉品质及其货架期等方面的相关文献，广泛进行实地调研；结合冰鲜鸡肉的加工、运输和销售物流流程，对冰鲜鸡肉冷链物流过程中的品质变化机理进行分析，构建基于WSN的冰鲜鸡肉冷链温度预警方案，基于温度监测数据以及预测方法构建温度预测模型，实现温度预测与预警。运用软件工程学知识，完成系统系统的设计与开发。

依据对无线传输技术分析，选取ZigBee+GPRS方式构建基于WSN的冰鲜鸡肉冷链温度预警方案，实现温度实时采集、传输和处理。依据温度和冰鲜鸡肉品质变化关系，制定冰鲜鸡肉温度预警规则，实现温度预警。

通过对温度预测方法的优缺点的分析，选取BP神经网络作为温度预测模型的理论基础，冷链运输车厢内温度作为参数，运用Matlab软件实现基于BP神经网络的温度预测模型构建，获取模型的参数，采用温度实际数据完成模型验证。

分析现有的货架期预测方法，根据冰鲜鸡肉的品质特性，选择适用于冰鲜鸡肉货架期预测的方法，构建冰鲜鸡肉货架期预测模型，并验证模型的准确性，为货架期预测系统提供模型支撑。

通过对北京市冰鲜鸡肉加工销售相关企业的调研，确定冰鲜鸡肉货架期预测系统的实际功能需求，采用java开发语言和MVC架构开发冰鲜鸡肉货架期预测系统，实现温度实时监测、货架期预测、决策支持和系统管理4个功能模块。

二、技术路线（图5-1）

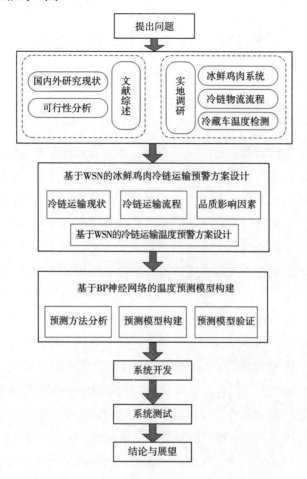

图5-1 冰鲜鸡肉物流温度监测与货架期预测系统技术路线

第六章　冰鲜鸡肉概念及其物流流程分析

第一节　冰鲜鸡肉具有广阔的市场发展潜力

一、冰鲜鸡肉具有广阔市场发展潜力的依据

鸡肉具有高蛋白、低脂肪和含较高的不饱和脂肪酸等多种营养物质的特点（张永明等，2008；Patsias等.，2006；陈家华等，2007），是消费者获取蛋白质的主要来源之一。据经济合作与发展组织（OECD）统计数据，2012—2014年我国人均鸡肉消费量11.5kg，预测未来10年的年增长率为2.4%，高于猪肉1.5%的年增长率。

改革开放以来，我国的肉鸡行业发展迅速，中国成为仅次于美国的第二大肉鸡生产国。根据FAO统计数据，2015年肉鸡产量达到1 354.67万吨，而1990年肉鸡产量264.97万吨，26年增长5倍多，如图6-1所示，中国鸡肉产量一直增长。

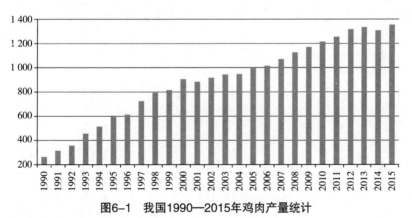

图6-1　我国1990—2015年鸡肉产量统计

随着经济快速发展和居民收入不断提高，以及对健康饮食要求不断增强，鸡肉在我国肉类消费中比重上升，已经成为继猪肉之后第二大肉类（陈琼，2013）。目前市场上初加工鸡肉产品主要有热鲜鸡肉、冰鲜鸡肉和冷冻鸡肉3种（张瑞荣，2011）。冰鲜鸡肉作为鸡肉中高端肉类，具有营养价值高、安全卫生

等优点（黄明发，2014），将受到广大消费者欢迎。与欧美发达国家相比，我国冰鲜鸡肉冷链运输起步较晚，基础比较薄弱。

冰鲜鸡肉是指经检疫检验合格的活鸡经屠宰加工后，1小时内经冷却但不经速冻处理使胴体中心温度降至8℃，12小时内降至4℃，并在0～4℃条件下包装、贮藏、运输和销售的鸡和分割鸡肉（丁宁等，2009；李虹敏等，2009；赵精晶，2013）。与冷冻鸡肉、热鲜鸡肉相比，冰鲜鸡肉不仅在口感、风味、新鲜度以及营养成分等方面都具有优势，而且在卫生安全上也更加方便管理（Ivanova等，2014），具有良好的市场发展前景。

由于禽流感等疫病突袭，北京市、上海市、广州市、杭州市、南京市等地中心城区永久或间歇的关闭活禽买卖市场，冰鲜鸡肉作为一种高品质鸡肉类型进入市场，满足市民对新鲜鸡肉需求。

二、食用消费冰鲜鸡肉在鸡肉产品比重将不断上升

我国政府鼓励和发展冰鲜鸡肉行业，北京市、上海市和广州市等大城市以及浙江省和广东省等经济发达省份已经出台相关的法规和政策鼓励冰鲜鸡肉产业发展，上海市冰鲜鸡肉消费已经达到30%（黄明发，2014）。国民对高品质生活追求，鸡肉是富有营养，是人体摄取蛋白质等营养物质重要来源之一，冰鲜鸡肉作为一种高端鸡肉类型，但跟西方发达国家相比，冰鲜鸡肉发展相对滞后，发达国家冰鲜鸡肉已经占到鸡肉90%，而我国不足10%（余群莲，2013），根据西方国家发展经验，当经济发展达到一定水平，国民开始接受营养、高端冰鲜鸡肉产品。

第二节　冰鲜鸡肉物流流程分析

一、冰鲜鸡肉物流流程及其环节的特征

冰鲜鸡肉冷链物流是指使冰鲜鸡肉从屠宰、加工、贮藏、运输和销售流通过程中始终处于0～4℃的低温环境下，以最大限度地保持冰鲜鸡肉品质和质量安全、减少冰鲜鸡肉损耗、防止冰鲜鸡肉受污染为目标的一项系统工程（刘寿春等，2012；张家瑞等，2011）。

冰鲜鸡肉冷链物流是一个特定的供应链系统，是冰鲜鸡肉产品从冰鲜鸡肉

生产加工到消费者的过程，包括：冰鲜鸡肉生产加工、冰鲜鸡肉贮藏、冰鲜鸡肉冷链运输、冰鲜鸡肉销售等环节。冰鲜鸡肉冷链物流是保证冰鲜鸡肉品质的重要因素。

为详细了解冰鲜鸡肉冷链物流流程，对北京市某肉鸡公司进行了实地调研，并结合《肉鸡屠宰操作规程》（GB/T 19478—2004）、《食品安全地方标准冷鲜鸡生产经营卫生规范》（DB 31/2022—2014），总结出冰鲜鸡肉冷链的物流流程，按照冰鲜鸡肉从屠宰、加工、贮藏、运输和销售的时间顺序，主要由屠宰、分割加工、冷却贮藏、冷链运输和冷藏销售五个环节构成。冰鲜鸡肉冷链的物流流程如图6-2所示。

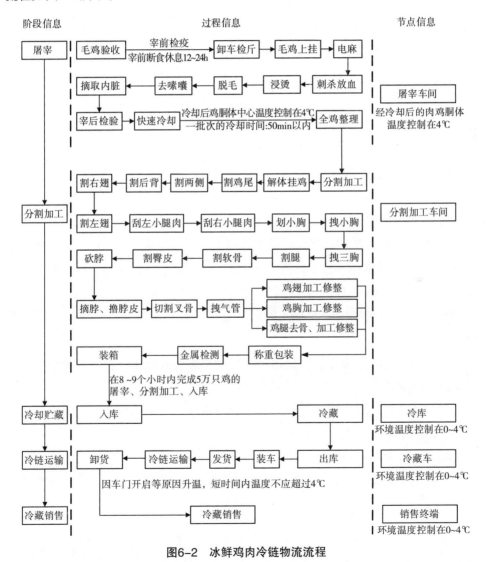

图6-2　冰鲜鸡肉冷链物流流程

二、冰鲜鸡肉物流流程及其环节的注意事项

根据调研，公司通常在9：00之前接订单，依据订单量进行加工。屠宰环节通常只需要3～4位工人；分割加工车间根据产品不同分为多个拉段，多位工人同时进行分割加工，屠宰分割5万只鸡需要8～9个小时；分割加工完成以后入库冷藏，冷藏至3：00—4：00后进行配送，根据与销售终端的距离远近，配送时间通常在2～4小时以内。

屠宰是指屠宰环节为冰鲜鸡肉冷链物流的起始阶段，在屠宰车间完成。屠宰后需要使肉鸡胴体中心温度冷却至4℃。

分割加工包括冰鲜鸡肉的分割、加工、包装等，主要在分割加工车间完成。分割加工环节应将环境温度控制在9～12℃，分割加工完成后应将鸡肉冷却至4℃，经包装、金属检测合格后装箱送入冷库。

冷却贮藏是将冰鲜鸡肉冷藏在冷库中，冷库的温度应控制在0～4℃范围内。

冷链运输：冷链运输过程主要分为出库、装车、冷链运输和交货。冷链运输过程中，冷藏车车厢内的温度应控制在0～4℃。在运输过程中，温度波动是引起冰鲜鸡肉品质下降的主要原因之一，因此运输过程中应严格控制温度。

冷藏销售：是指冰鲜鸡肉经过冷链运输进入冷藏销售等零售环节。以调研公司为例，冰鲜鸡肉的销售终端主要分为大型超市、专卖店和电商平台，冷藏销售过程中应将冰鲜鸡肉的贮藏温度控制在0～4℃。

在调研过程中，采用温度监测设备跟踪了冰鲜鸡肉从屠宰、加工、贮藏、运输以及销售最终到消费者家中的整个物流流程，记录了冰鲜鸡肉冷链的时间—温度曲线，如图6-3所示。

A阶段为冰鲜鸡肉的分割加工阶段，温度主要受分割加工车间环境温度的影响。

B阶段为冷却贮藏阶段，温度由冷库中的制冷设备控制，企业准备出库、装车，因此冰鲜鸡肉在冷库中停留的时间较短。

C阶段为冷链运输阶段，记录了冰鲜鸡肉从出库、装车、冷链运输以及卸货这一过程的温度变化情况，冷藏车抵达销售终端。

D阶段为冷藏销售阶段，冷藏柜是阶段性制冷所以温度曲线呈波动状态。

E阶段为消费者购买并冷藏冰鲜鸡肉的阶段。

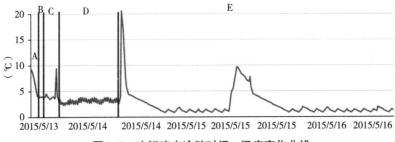

图6-3　冰鲜鸡肉冷链时间—温度变化曲线

理论上来说，冷链物流各个环节都要求在严格的温度条件下进行；但是从调研来看，由于冷链过程中的一系列不确定因素，例如车门开关、制冷设备的不稳定性都会造成温度的波动从而影响冰鲜鸡肉的品质。

第三节　冰鲜鸡肉冷链运输过程

一、我国冰鲜鸡肉产供分布不平衡，其冷链运输必不可少

根据中国畜牧业统计年鉴数据，如图6-4所示，我国鸡肉生产主要集中在山东省、广东省、吉林省、黑龙江省、广西壮族自治区、江苏省等东部地区，而北京市、上海市以及我国中西部地区产量较低。基于冰鲜鸡肉产地、消费地不同现实情况，加之我国幅员辽阔，冰鲜鸡肉运输需求旺盛。冰鲜鸡肉属于易腐食品，为保证冰鲜鸡肉在运输过程中品质，现在国内外采用冷链运输方式。

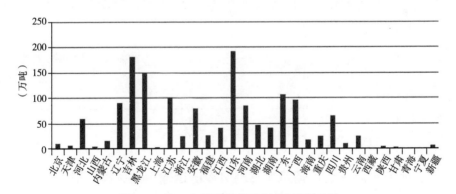

图6-4　2012年我国各省区市鸡肉产量统计

二、冰鲜鸡肉冷链运输水平落后

与欧、美等西方发达国家相比，我国冰鲜鸡冷链物流起步较晚、发展水平较低，冷链物流设备水平较低、能耗较高（张建军，2013）。我国肉类冷链运输比重为15%，冷链流通比重仅占欧美等发达国家5%，远远低于发达国家水平（李锦，2013；万静，2015），较低的冷链运输比重造成大量肉类产品浪费。

经过20多年发展，我国形成以公路和铁路为主运输方式。由于航空运输成本较高，只适合附加值较高的少量物品；水运受限于速度慢以及港口支持等因素，占国内冷链运输的比重较低。铁路冷链运输受限冷藏车数量、性能以及运输能力限制，铁路冷链运输量从1991年开始下滑，截至2009年，铁路冷链运输量已经低于1991年的10%，铁路冷链运输量已经低于冷链运输量25%（李锦，2013）。

三、公路冷链运输是主力军，但装备水平落后

近年来，国家对公路等基础设施投资力度加大，形成高速公路、国道以及省道相结合的公路运输网络，我们公路总里程居于世界前列。基于我国完善公路网络，公路冷链运输已经成为我国冷链运输的主要力量。从2006—2010年，公路冷链运输量以及7%的速度增长，到2010年，公路冷链运输量占我国冷链运输量85%（李锦，2013）。冷藏车作为公路冷链运输重要装备，与冷链运输发达国家相比还有很大差距，如表6-1所示。我国拥有13多亿人口，而我国冷藏车保有量仅为3.3万辆；美国人口仅仅3.5亿，却拥有20万辆冷藏运输车。

表6-1　我国与冷链运输发达国家冷藏汽车发展状况对比

国家	保有量（万辆）	货运汽车占比（%）
美国	20	0.8～1
日本	12	5.4～6
英国	2.8	2.5～2.8
德国	3.3	2～3
中国	1.8	0.42

资料来源：宝鹤鹏，2015

四、冰鲜鸡肉冷链运输是冰鲜鸡肉冷链运输中的关键环节

运输环节最容易导致冰鲜鸡肉产品品质变差甚至腐败变质（肖静，2008）。与冰鲜鸡肉的生产加工、贮藏以及销售等环节相比，冰鲜鸡肉冷链运输环节主要发生在冷藏运输车上，由于冷藏车属于移动设备，故车厢内控温能力有限；同时

在运输过程中容易受外界因素的影响，运输车厢的温度很难处于理想区间中（杨胜平，2013）。冷链运输车厢的温度等环境信息对冰鲜鸡肉产品品质有重要影响（张娅妮，2007），因此冷链运输过程中温度监测与控制十分重要。

鉴于冰鲜鸡肉冷链运输的重要性，对冰鲜鸡肉冷链运输环节进行重点的调研和分析，具有非常重要的意义。冰鲜鸡肉产品冷链运输环节依据对某冰鲜鸡肉冷链运输公司调研和农业部颁布的《生鲜畜禽肉冷链物流技术规范》NY/T 2534-2013整理归纳得出，这与徐晓红（2010）研究成果一致，冰鲜鸡肉冷链运输流程图如图6-5所示。

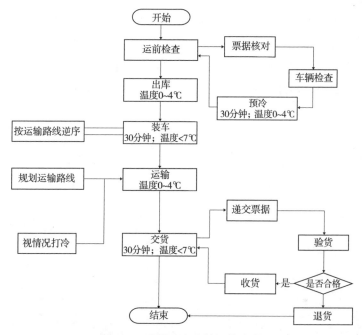

图6-5　冰鲜鸡肉冷链运输流程

冰鲜鸡肉冷链运输过程主要包括以下5个流程。

第一，运前检查。运前检查是冰鲜鸡肉冷链运输过程的第一个环节，运输人员完成客户票据核对和车辆检查工作；开启打冷设备对车厢预冷，时间视情况而定，一般预冷时间为30分钟，车厢内温度降到冰鲜区间（0～4℃）。

第二，产品出库。冰鲜鸡肉产品按照产品分类分别存放在冰鲜库中不同位置，冰鲜库中安装温度传感器来保证冷库的温度处于冰鲜区间（0～4℃）。仓库管理员根据客户订单进行产品打包，同时利用手持温度采集设备来查看温度是否达到出库要求；铲车工人运输并整理仓库管理打包产品，完成客户订单出库，产品出库后转移到产品运输车间。

　　第三，装车。在产品运输车间内，运输调配人员根据客户地址，完成产品位置与运输路线的逆序排列。为保证冰鲜鸡肉产品的品质，温度尽量控制在0～4℃区间内，要求最高温度不能超过7℃；利用叉车装车，一定在30分钟内完成装车环节。

　　第四，运输。本环节发生在运输车辆上，运输车辆按照预先设计路线行驶，在行驶途中，根据客户地址，完成产品卸货。保证冰鲜鸡肉产品处于冰鲜区间（0～4℃）内，依据温度监测设备的反馈，视情况开关车厢内打冷设备。

　　第五，卸车交货。本环节是冰鲜鸡肉冷链运输过程的最后一个环节，完成冰鲜鸡肉产品交付给零售商。运输人员向客户递交票据，同时根据票据完成冰鲜鸡肉产品卸货。客户根据订货单进行冰鲜鸡肉产品的验货，如果产品合格，完成产品的签收，否则，进行产品退货。为保证冰鲜鸡肉品质，本环节要求温度尽量控制在0～4℃区间内，最高不能超过7℃，在30分钟内完成卸车交货操作。

第七章　冰鲜鸡肉物流过程中品质变化机理及其影响因素分析

第一节　冰鲜鸡肉的品质表征指标

冰鲜鸡肉的品质表征指标较多，主要分为感官指标、理化指标和微生物指标三大类别。

一、感官指标

食品的感官指标是指针对食品的感官特性进行描述、定义而制定的指标（赵镭等，2008）。冰鲜鸡肉的感官指标主要包括黏度、弹性、肉色、气味、加热后肉汤性状等。黏度由手指触摸冰鲜鸡肉表面粘手程度判断，变质后的冰鲜鸡肉表面有黏性且潮湿（修琳，2007；李特，2008）。冰鲜鸡肉凹陷恢复速度判断，变质导致冰鲜鸡肉弹性下降（王勋等，2013；修琳，2007；李特，2008）；肉色指鸡肉的颜色与光泽，随着贮藏时间的延长，冰鲜鸡肉逐渐由正常颜色变为深黄色，且失去光泽（李特，2008）；冰鲜鸡肉带有正常的腥味、金属味，变质后会产生令人不愉快的腐败气味（曾洺勇，2014）；新鲜冰鲜鸡肉加热后肉汤澄清且脂肪团聚于液面，变质的加热肉汤呈浑浊状态（王勋等，2013；李特，2008）。很多研究根据上述各指标的变化特性进行等级评分来建立冰鲜鸡肉的感官指标品质评价体系（Kanatt等，2005；Meredith等，2014；夏小龙等，2014）。感官指标在一定程度上能够反映冰鲜鸡肉的品质，并受评价人员的饮食习惯、爱好不同而存在差异（王二霞等，2008）。

二、理化指标

冰鲜鸡肉的理化指标是以冰鲜鸡肉腐败变质的特性改变、产物变化为基础的冰鲜鸡肉品质定量分析指标（修琳，2007），主要包括pH值（李虹敏等，2009；

王勋等，2013；修琳，2007）、TVB-N含量（李虹敏等，2009；Owens等，2013；Anang等，2007）、TBARS含量（Hasapidou等，2011）等。

pH值在一定程度上可以反映冰鲜鸡肉的品质。冰鲜鸡肉的pH值随着贮藏时间的增加会先降低后升高。当鸡肉pH值等于6.0或小于6.0时，品质良好。当在4℃条件下贮藏7~8天时，冰鲜鸡肉腐败，pH值约为6.8（王勋，2012）。多项研究表明冰鲜鸡肉pH值变化是由鸡肉中细菌生长繁殖、蛋白质分解等因素造成（李文娟，2008；王勋，2012）。

TVB-N含量是蛋白质分解产生的氨及胺类物质与有机酸结合而形成的盐基态氮含量（Rukchon等，2014）。TVB-N含量随着冰鲜鸡肉腐败的加深逐渐增加，国内外多个研究都选取挥发性盐基氮含量作为衡量冰鲜鸡肉品质的指标（陈家华等，2011；Rukchon等，2014；Balamatsia等，2007；Patsias等，2008）。Balamatsia等（2007）研究表明，随着贮藏时间的延长，TVB-N含量在15天内增加了一倍。Rukchon等（2014）选择TVB-N含量以及CO_2含量作为表征冰鲜鸡肉品质的指标研发了一种时间温度指示器，用于实时监测冰鲜鸡肉的新鲜度。Patsias等（2008）通过测定发现，存储在4℃下的鸡肉TVB-N含量9天后从初始值12毫克/100克变为49毫克/100克。

TBARS值的高低表明脂肪二级氧化产物的多少，从而判断脂肪氧化的程度。TBARS值越高，脂质氧化程度越高，冰鲜鸡肉腐败越严重（Hasapidou等，2011）。研究发现，冰鲜鸡肉在4±1℃条件下贮藏，第8天时TABRS超过0.5毫克/千克，表明冰鲜鸡肉已经腐败变质（Anang等，2007）。

三、微生物指标

冰鲜鸡肉的微生物指标主要是菌落总数，是判断冰鲜鸡肉品质的重要依据（Al-Nehlawi等，2013；李苗云等，2012）。王勋等（2013）研究发现，初始菌落总数介于$1×10^{3.5}$ ~ $1×10^4$cfu/g的冰鲜鸡肉，随着贮藏时间的延长呈递增趋势，第8天菌落总数达到$1×10^{6.5}$cfu/g，冰鲜鸡肉已腐败变质。

表7-1总结了冰鲜鸡肉的主要品质表征指标及其评价标准。除了上述常用品质表征指标外，尸胺含量、蒸煮损失率、质构等（曾洺勇，2014）也可用于评价冰鲜鸡肉的品质。

表7-1　冰鲜鸡肉的品质表征指标

类别	表征指标	评价标准	文献
感官指标	黏度	黏度	（修琳，2007；李特，2008）
	弹性	指压凹陷恢复速度	（王勋等，2013；修琳，2007；李特，2008）
	肉色	肉色是否正常，表面光泽	（李特，2008）
	气味	正常鸡肉气味/腐败气味	（曾沼勇，2014）
	加热后肉汤性状	肉汤清亮程度，脂肪团性状	（王勋等，2013；李特，2008）
理化指标	pH值	新鲜≤6.0，不新鲜>6.5，腐败>6.7	（李虹敏等，2009；王勋等，2013；修琳，2007）
	挥发性盐基氮（TVB-N）含量	鲜肉≤15，次鲜肉15-30，腐败肉>30	（李虹敏等，2009；Owens等，2013；Anang等，2007）
	硫代巴比妥酸产物含量（TBARS值）	>0.5毫克/千克时有异味	（Hasapidou等，2011）
微生物指标	菌落总数	>1×106cfu/克腐败变质	（Al-Nehlawi等，2013；李苗云等，2012）

第二节　物流过程中冰鲜鸡肉的品质变化机理分析

一方面，冰鲜鸡肉腐败是因为其营养成分高、水分活度高，易受到微生物污染；另一方面，温度、水分、气体和包装材料等物理因素会诱发和促进冰鲜鸡肉腐败。其中，温度是影响冰鲜鸡肉品质最重要的环境因素（Ayres等，1960），主要表现为对冰鲜鸡肉的化学反应速率和微生物生长繁殖速度的影响。总的来看，受物理、化学和微生物3个方面（刘雪等，2015；Whiting等，1993；杨宪时等，2006；陈鹏等，2016）因素的影响，冰鲜鸡肉中的营养物质被水解和氧化从而能发生品质变化，具体的品质变化机理如图7-1所示。

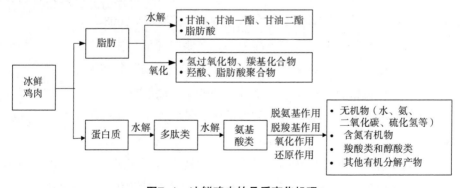

图7-1　冰鲜鸡肉的品质变化机理

　　冰鲜鸡肉品质变化主要是由冰鲜鸡肉中的化学变化、微生物的生长繁殖以及冰鲜鸡肉酶促反应造成的（汪庭满，2010），其中，微生物来自外部环境，酶来自冰鲜鸡肉内部，冰鲜鸡肉品质变化原因主要包括以下3个方面。

一、化学变化

　　冰鲜鸡肉成分由蛋白质、脂肪和水分等多种化学物质组成（朱佳廷，2012）。这些物质在冰鲜鸡肉冷链运输过程中发生蛋白质变性和水解、脂质氧化等化学变化，导致冰鲜鸡肉的品质发生变化（孙承锋，2001）。

1. 蛋白质的变性和水解

　　鸡肉经屠宰过后会经历尸僵、后熟、自溶和腐败4个阶段，后熟阶段蛋白质分解成大量的肽类、氨基酸和核苷酸（李鹏，2014）。冷链运输途中温度控制不当，冰鲜鸡肉可能会进入自溶阶段，在酶和微生物的催化下，蛋白质会进一步分解或变性，产生胺、硫化氢、硫醇和吲哚粪臭素等物质（邢秀芹，2007；江汉湖，2001），进入腐败阶段。在冷链运输条件下，虽然酶活性受到一定的抑制，但未完全失活，随着时间的推移，冰鲜鸡肉中的蛋白质仍在缓慢的发生变性和水解。

2. 脂肪氧化

　　脂肪的氧化分解又叫酸败，酸败降低营养价值，影响鸡肉品质甚至降低鸡肉的食用价值（王学辉，2008）。在冷链运输过程中，脂肪不可避免的受到周围环境如温度、湿度、阳光和空气等因素的影响，从而发生复杂的化学反应。其中，主要的反应是部分脂肪分子分解成甘油和脂肪酸，脂肪酸进一步水解和氧化生产氢过氧化物、过氧化物。过氧化物很不稳定，继续分解成酮类和醛类化合物和其他氧化物，发出刺鼻的哈喇味（邢秀芹，2007，王学辉，2008）。

　　以脂肪中一种最多脂类甘油三酯为例，在脂肪酶催化作用下，甘油三酯逐步水解为甘油和脂肪酸（罗炎斌，2008）。脂肪水解产物脂肪酸能够使鸡肉产生不良气味，进而影响其感官品质（王学辉，2008）。脂肪酸氧化分解产生具有"哈喇"气味的醛酸和醛类，这是鸡肉酸败后感官性状发生变化的重要原因（仙鹏，2008）。

　　脂质氧化酸败产物过氧化物，虽然过氧化物本身无味无色，对鸡肉品质影响较小，但其很不稳定，易分解产生多种化合物，其中某些化合物浓度达到一定值后会对鸡肉产生危害。在常温下，过氧化物值低于100时，不具有毒性；当过氧化物高于800时，鸡肉具有毒性且变得不可食用（王学辉，2008）。

二、微生物生长

微生物是冰鲜鸡肉品质变化的主要影响因素（Thomas，1980；曾晓房，2010）。微生物广泛分布在自然界，冰鲜鸡肉在加工、运输过程中不可避免受到微生物的污染，当环境条件适宜时，冰鲜鸡肉上的微生物迅速生长繁殖，造成冰鲜鸡肉品质变差，甚至腐败。

冰鲜鸡肉的营养物质丰富，为微生物的生长繁殖创造有利条件。冰鲜鸡肉中的腐败微生物能够促进冰鲜鸡肉中蛋白质等营养物质迅速分解，将冰鲜鸡肉中高分子物质降解为低分子物质，降低冰鲜鸡肉的品质，进而发生变质和腐败。在微生物的作用下，冰鲜鸡肉中蛋白质逐步分成肽类、氨基酸等含氮有机物；肽类、氨基酸等含氮有机物被分解成低分子化合物过程中，产生恶臭气味；并在分解蛋白质的微生物作用下产生氨基酸、胺、氨、硫化氢等物质和特殊的臭味（汪庭满，2010）。

影响冰鲜鸡肉品质的微生物主要包括假单胞菌、肠杆菌群、乳酸菌、热死环丝菌、腐败希瓦氏菌和肉杆菌等（孙彦雨2011；李忠辉，2011；Adu-GyamfiA，2008）。

三、酶促反应

冰鲜鸡肉早期的品质下降，与酶促反应引发的自溶腐败或自溶变化有密切的关系。当冰鲜鸡肉进入自溶阶段后，只要有少量的氨基酸和低分子含氮物质生成，微生物即可利用并繁殖起来，繁殖达到一定的程度后，微生物即可直接分解蛋白质，因此自溶作用也是引发冰鲜鸡肉品质变化重要原因。

第三节　物流过程中影响冰鲜鸡肉品质的因素分析

一、物理因素

影响冰鲜鸡肉品质的物理因素主要包括温度、光照、水分、气体和包装材料等，这些物理因素会诱发和促进一系列变化的发生。温度是影响冰鲜鸡肉品质最重要的环境因素（Ayres等，1960），主要表现为对冰鲜鸡肉的化学反应的反应速率和微生物繁殖速度的影响。根据范特霍夫规则（Q10），在一定温度条件下，温度对冰鲜鸡肉化学反应速率的影响可以用Q10来表示，温度每升高10℃，反应速率增加2~4倍（Ayres等，1960）。温度对酶促反应的影响比其他化学反应更复杂，温度升高会使酶促反应的速率加快，而温度过高使酶的活性被钝化，又会抑制或停止酶促反应（曾洺勇，2014）。研究表明，低温条件可以抑制酶的活性从而减缓冰鲜鸡肉内酶促反应速率。本文详细分析温度对冰鲜鸡肉品质变化的影响。

二、温度对冰鲜鸡肉品质变化的影响

（一）温度对冰鲜鸡肉化学变化速率影响

温度对冰鲜鸡肉内化学变化的影响主要体现在对化学反应速度的影响。冰鲜鸡肉冷链运输过程中蛋白质的变性和水解、脂肪的氧化等化学变化，在一定范围内随着温度的升高而化学反应速度加快。Van't Hoff 规则认为，温度每升高10℃，化学反应的速率大约增加2~4倍，Van't Hoff 规则称为温度系数，常用Q_{10}来表示，即：

$$Q_{10} = \frac{V_{(t+10)}}{V_t} \qquad\qquad （公式38）$$

$v_{(t+10)}$和v_t分别表示化学反应在（$t+10$）℃和t℃时的反应速度。

由于温度对化学反应物的浓度和反应的级数没有影响，影响化学反应的速率常数为k，因此，上式又可写为：

$$Q_{10} = \frac{k_{(t+10)}}{k_t} \qquad\qquad （公式39）$$

$k_{(t+10)}$和k_t分别表示化学反应在（$t+10$）℃和t℃的反应速度常数。

由于温度对化学反应的影响是很复杂的，反应的速度常数k不是温度的单一函数，Arrhenius用活化能的概念解释温度升高化学反应速度加快的原因，并提出了著名的Arrhenius方程式：

$$\ln k = -\frac{E}{RT} + \ln A \qquad\qquad （公式40）$$

k为反应速度常数，E为反应的活化能，R为气体常数，T为热力学温度，A为频率因子。

在一定的温度范围内，化学反应中A和E不随温度的变化而变化。由Arrhenius

方程式可见，反应的速度常数k与热力学温度T成指数关系，温度T的微小变化都会导致k值较大改变。在一定温度范围内，冰鲜鸡肉在运输过程中的蛋白质变性和脂质氧化随温度的升高而速度加快。蛋白质的水解和脂质氧化是在以酶作为催化剂的条件下进行的化学反应，因此，把温度对反应速度常数的影响看成对整个化学反应速度的影响，降低冰鲜鸡肉冷链运输的温度，即可显著降低冰鲜鸡肉产品中的化学反应速度，保证冰鲜鸡肉在冷链运输过程中品质。

（二）温度对冰鲜鸡肉中微生物生长速率影响

微生物广泛存在自然界中，在适宜条件下能够迅速繁殖。冰鲜鸡肉中的微生物生长速率受多种因素影响，包括温度、pH值等，其中温度是最主要和最容易控制的因素。根据国内外相关文献，影响冰鲜鸡肉中的品质的微生物主要包括假单胞菌、肠杆菌群、乳酸菌、热死环丝菌、腐败希瓦氏菌和肉杆菌等（孙彦雨 2011；李忠辉，2011；Adu-GyamfiA，2008）。

假单胞菌是有氧环境下冰鲜鸡肉的主要优势腐败菌（曾晓房，2010；李媛惠，2013），具有繁殖速度快、极强的产生氨等腐败产物能力等特点。温度对假单胞菌的生长具有显著影响（戴奕杰，2011），如图7-2所示，假单胞菌的生长速度与温度成指数变化，在0～5℃之间，假单胞菌停止生长；高于5℃，假单胞菌的生长速度呈现指数变化（李媛惠，2013）。

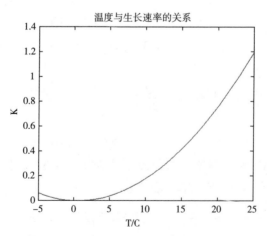

图7-2　假单胞菌生长速率与温度关系曲线

大肠杆菌是冰鲜鸡肉腐败菌之一，温度是影响大肠杆菌生长的一个重要因素（朱英莲，2007）。温度波动会导致大肠杆菌生长繁殖，在零售、运输及消费的过程，鸡肉的温度波动较大，而且温度较高，最利于该菌生长繁殖。在10℃以下，生长及其缓慢；5℃以下，大肠杆菌基本不生长，保持存活状态。如图7-3所示，依据姜英杰（2008）构建的大肠杆菌的生长模型得出：在低于4.046℃条件下，大肠杆菌基本停止但也不失活；高于5℃，大肠杆菌的生长速度呈现指数变化。

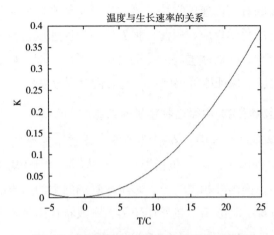

图7-3　大肠杆菌生长速率与温度关系曲线

奇异变形杆菌是一种条件致病菌（刘泽文，2014），奇异变形杆菌的生长受温度影响显著（赵精晶，2013），0～4℃时奇异变形杆菌几乎生长，8℃时奇异变形杆菌才开始生长，这与（黄璇，2014）研究结果相同。

乳酸菌一种兼性厌氧菌，在无氧条件下能够迅速生长，成为绝对优势菌落，是真空包装冷却肉腐败的主要元凶。尚天翠（2011）通过实验得出乳酸菌最适生长温度在25～38℃之间。在2～25℃区间内，乳酸菌生长速度跟温度成正比，在2℃生长速率最慢。依据王亚楠（2013）构建的乳酸菌生长模型得出，在0～4℃条件下，乳酸菌停止生长繁殖。

热死环丝菌是肉类中重要的腐败菌，具有微需氧的特点。热死环丝菌的最适生长温度为22～25℃，并具有厌氧的特性，通常被认定为是冷藏温度引起真空包装的肉类或肉制品的腐败的主要微生物（曾晓房，2010）。温度对热死环丝菌的生长速率有较大的影响（刘超群，2010；黄娜丽，2013）。傅鹏（2007）构建热死环丝菌（0～10℃）生长模型得出低于6℃，热死环丝菌暂停生长繁殖。

表7-2　冰鲜鸡肉腐败的主要微生物停止生长的温度区间

微生物	停止生长的温度区间
假单胞菌	0～5℃
大肠杆菌	小于5℃
奇异变形杆菌	0～4℃
乳酸菌	0～4℃
热死环丝菌	0～6℃

综上所述，温度是影响冰鲜鸡肉中微生物生长速率的主要因素。在构建微生物生长预测模型时，大量研究把温度作为主要变量来探讨其对微生物生长的影响（李苗云，2010；傅鹏，2008；姜长红，2007；ISABELLE，2006）。在一定的温度区间内，微生物生长速率与温度成指数关系；但在某一温度区间，微生物停止生长，生长速率为零，如表7-2所示冰鲜鸡肉中主要的腐败微生物停止生长的温度区间。

（三）温度对冰鲜鸡肉酶促反应速率影响

冰鲜鸡肉自溶变化是由酶促反应引起的，酶是一种特殊的蛋白质，具有高度专一的催化活性。酶能够降低化学反应的活化能，活化能越小，温度对化学反应速度常数的影响就越小，因此，许多酶促反应能够在较低温度下仍然能够以一定的速度进行，但在一定的温度范围内，根据Arrhenius方程，其反应速度依然随着温度升高而加快。酶促反应也用温度系数Q_{10}表示温度对反应速度的影响。冰鲜鸡肉冷链运输过程中，由于酶的活动，尤其是脂氧合酶、氧化还原酶的催化会发生多种多样的酶促反应。

温度对酶促反应具有双重影响，一方面温度上升会加快酶促反应的速度（彭青，2010），另一方面酶是一种蛋白质，在温度上升的过程中，酶会逐渐失去活性，酶促反应速率降低，一旦酶受热失活，酶促反应就会受到强烈的抑制（齐莉莉，2009）。

综上所述，温度是影响冰鲜鸡肉品质最重要的因素，如图7-4所示，低温可以抑制冰鲜鸡肉中各种化学变化、酶促反应、微生物的生长繁殖（孙晓明，2010），保证冰鲜鸡肉品质和食用安全性，因此控制温度是冰鲜鸡肉冷链运输过程广泛采用的措施。

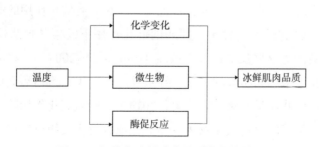

图7-4　温度与冰鲜鸡肉品质变化的关系

（四）温度—冰鲜鸡肉品质关系

通过以上两小节的分析得出温度是影响冰鲜鸡肉品质最主要的因素，根据农业部颁布的《生鲜畜禽肉冷链物流技术规范》NY/T 2534-2013国标以及上海市颁布的《食品安全地方标准冷鲜鸡生产经营卫生规范》DB31/2022-2014、浙江省颁布的《食品安全地方标准冷鲜禽加工经营卫生规范》DB33/ 3003-2014、广东省颁布的《食品安全地方标准生鲜家禽加工经营卫生规范》DBS44/ 004-2014等地方标准，要求冰鲜鸡肉在冷链运输过程中运输车厢内温度处于0～4℃（因开启车门等因素导致温度升高，短时内温度不超过7℃）。冰鲜鸡肉中主要的腐败微生物在0～4℃停止生长，因此低温对于微生物的生长具有抑制作用。

　　根据相关国家标准和地方标准对冰鲜鸡肉冷链运输过程中温度要求，以及实际调研、文献和专家咨询确定不同温度对冰鲜鸡肉品质的影响，根据温度指标的上下限对品质的影响，将温度划分为4个区间，如表7-3所示。

表7-3　影响冰鲜鸡肉品质变化温度区间划分及描述

品质状态	温度区间	描述
良好	0～4℃	适合冰鲜鸡肉冷链运输温度
一般	（-2，0）、（4，7）	持续一段时间，品质开始发生变化
差	（-∞，-2）、（7，10）	开始发生变化，但持续一段时间，品质迅速发生变化
恶劣	（10，+∞）	品质迅速发生变化，需要立即采取措施

　　因此，冰鲜鸡肉冷链运输应参照国家标准以及地方标准规定的冷链运输温度区间进行控制，如果温度控制不当，冰鲜鸡肉发生腐败变质。

三、化学因素

　　影响冰鲜鸡肉品质的化学因素主要是冰鲜鸡肉中酶的作用、脂质氧化作用。冰鲜鸡肉含有丰富的有机物和水分，且包含着多种具有催化作用的酶。冰鲜鸡肉生产、加工、运输和贮藏过程中，在酶的催化作用下发生各种酶促反应，鸡肉的品质特性也会因为这些反应而发生改变（Adaro等，2007）。鸡肉中含有的脂肪氧合酶会催化不饱和脂肪酸的氧化，导致异味的产生；蛋白酶会催化蛋白质水解，导致组织产生肽而呈苦味（曾洺勇，2014）。脂质氧化作用除了导致鸡肉的感官特性变差，形成的氢过氧化物进一步氧化或分解为二级反应产物如醛类、酮类等化合物，还会影响鸡肉的整体品质（Moncia等，2012）。

四、微生物因素

冰鲜鸡肉营养成分高、水分活度高，易受到微生物污染而腐败（Anang等，2007）。研究表明，在冷链条件下多数细菌的繁殖会受到抑制，从而保证冰鲜鸡肉的品质。然而在实际物流过程中，各种腐败菌在初始菌相中的地位和冷藏过程中的生长繁殖情况影响冰鲜鸡肉腐败变质的进程和腐败类型。初始阶段，冰鲜鸡肉中微生物种类繁多，受冷链物流过程中多种因素的持续作用，只有部分细菌能够快速生长繁殖，形成了特定腐败菌。鸡肉组织形态、加工方式、包装条件等的不同，冰鲜鸡肉中的腐败微生物的分布和多样性都会存在差异（刘朏，2015；Ayres等，1960）。

影响冰鲜鸡肉品质的微生物主要分为致病微生物和腐败微生物两大类（宋晨等，2010）。其中，致病微生物包括沙门氏菌、弯曲杆菌、单核细胞增生李斯特氏菌、大肠杆菌O157：H7等（Waldroup等，1996）；腐败微生物主要包括假单胞菌、热死环丝菌、乳酸菌和腐败希瓦氏菌等（丁宁等，2009；孙彦雨等，2011；Latou等，2014；王艳芳等，2015）。在贮藏温度为4℃条件下，冰鲜鸡肉到达货架期终点时的假单胞菌占86.79%，为优势腐败菌（刘朏，2015）。

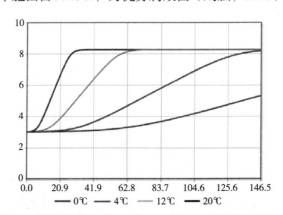

图7-5　假单胞菌在0℃、4℃、12℃和20℃下的生长曲线

假单胞菌具有较强的分解脂肪和蛋白质的能力，大量生长繁殖时会直接导致冰鲜鸡肉表面产生黏液，使冰鲜鸡肉产生异味，在0～4℃时冰鲜鸡肉中的假单胞菌生长速率几乎不变，当温度高于4℃时，生长速率呈指数变化（李楠等，2015），从图7-5可以明显看出假单胞菌的生长繁殖受温度影响明显。因此，假单胞菌的数量能够用于表征冰鲜鸡肉的品质（孙彦雨等，2011；李媛惠，2013；刘朏，2015；李忠辉等，2011）。

第四节　物流过程中冰鲜鸡肉保鲜技术分析

为了降低冰鲜鸡肉品质变质的风险，学术和实践上都采取了多种保鲜技术来避免冰鲜鸡肉品质变化，延长其货架期。根据采用技术手段不同，冰鲜鸡肉保鲜技术可分为化学保鲜技术、超高压保鲜技术、辐照保鲜技术、生物保鲜技术、气调包装技术和栅栏技术6种。

一、化学保鲜技术

化学保鲜技术是将抑菌效果高、安全的化学保鲜剂来抑制冰鲜鸡肉中微生物的生长从而延长货架期的保鲜技术。目前，用于冰鲜鸡肉保鲜的化学保鲜剂主要包括乳酸、乳酸钠（Zeitoun等，1992）、山梨酸钾（Rodríguez-Calleja等，2012）、柠檬酸（李虹敏等，2009）等。González-Fandos等（2012）在4℃条件下用山梨酸钾溶液对鸡腿进行抑菌处理发现，浓度为5%的山梨酸钾溶液能够有效抑制鸡腿中的细菌繁殖且不影响其感官品质。李虹敏等（2009）研究表明，在4±1℃条件下，磷酸钠、酸化亚氯酸钠、柠檬酸、乳酸4种化学保鲜剂中浓度为2.5%的乳酸溶液和2.5%的柠檬酸溶液对冰鲜鸡肉的减菌效果较明显。

二、超高压保鲜技术

超高压保鲜技术是指利用压媒（通常为液体介质）使冰鲜鸡肉在极高的压力下发生酶失活、蛋白质变性、淀粉糊化和微生物灭活等物理、化学及生物效应，进而达到灭菌和改性的保鲜技术（曾洺勇，2014；魏静等，2009）。李楠等（2015）研究了150兆帕、250兆帕、350兆帕和450兆帕处理压力，保压时间为5分钟、10分钟和15分钟条件下对冰鲜鸡肉的保鲜效果，结果表明250兆帕、保压时间10分钟为保鲜效果最佳，将冰鲜鸡肉货架期延长至8天。Rodríguez-Calleja等（2012）利用30%CO_2+70%N_2的气调包装、300兆帕的超高压处理和商用抗菌涂料Articoat-DLP 3种保鲜技术，将冰鲜鸡肉货架期延长至28天。

三、辐照保鲜技术

辐照保鲜技术是利用物理射线（γ射线）破坏微生物DNA、细胞膜来阻止微生物繁殖和新陈代谢，从而达到杀菌保鲜的效果的技术（Ayres，1960；杨宪时，2011）。Balamatsia等（2006）研究发现，辐照保鲜技术能够降低细菌数，经辐照处理后的冰鲜鸡肉在冷藏期内TBARS含量较低，TVB-N含量显著下降。Kanatt等（2005）采用3000戈瑞的辐照剂量对冰鲜鸡肉进行保鲜，在0～3℃的条件下将货架期延长至14天。具有灭菌彻底、无残留物和节约能源的优点，但是在杀菌剂量辐照下，酶不能被完全钝化。

四、生物保鲜技术

生物保鲜技术是指从动、植物或微生物的新陈代谢产物中提取具有保鲜作用的物质对冰鲜鸡肉进行保鲜的技术，具有天然安全无毒的优点（谢晶，2011）。主要的生物保鲜剂包括牛至精油（Latouet等，2014）、乳酸链球菌素（Nisin）（黄俊彦等，2007）、壳聚糖（王燕荣，2007）等。Latou等（2014）采用1克/100毫升壳聚糖溶液和（70%CO_2+30%O_2）气调保鲜来延长冰鲜鸡肉的货架期，实验得出有氧包装的冰鲜鸡肉货架期为5天，单独采用上述两种方法，货架期为6～7天，组合使用货架期为9天。Khanjari等（2013）采用1克/100毫升的壳聚糖溶液和1%的牛至精油对冰鲜鸡肉保鲜处理延长6天货架期。壳聚糖涂膜技术是将具有良好的抑菌活性、生物降解性等多个优点的壳聚糖应用于延长冰鲜鸡肉货架期。壳聚糖涂膜技术简单方便、成本低廉，但保鲜效果不及其他保鲜方法。

Economou等（2009）利用Nisin和EDTA进行了9组实验，对比得到（500国际单位/克～50mmol/L EDTA）与气调包装技术协同作用，冰鲜鸡肉货架期最长达到13～14天。Nisin是一种能够有效抑制革兰氏阳性球菌活性的乳酸链球菌素，但Nisin不能有效抑制革兰氏阴性菌、酵母菌等代谢。通过与化学保鲜剂—乙烯二胺四乙酸（EDTA）协同作用，能够发挥各自的优势对冰鲜鸡肉进行保鲜。

五、气调保鲜技术

气调保鲜技术是指通过将CO_2、N_2、O_2等气体按一定比例混合，在真空状态下充入食品包装容器中，抑制细菌繁殖从而实现保鲜的一种技术（黄俊彦等，2007）。气调包装中高浓度的CO_2有益于延长冰鲜鸡肉的货架期；O_2使肉色鲜艳，并能抑制厌氧细菌的繁殖；N_2是一种惰性填充气体（王燕荣，2007）。Meredith等（2014）研究表明，气调包装（20%CO_2+20%O_2+20%N_2）下，能够较好地抑制弯曲杆菌生长，该比例气调包装下的冰鲜鸡肉货架期超过了14天。Chouliara等（2007）采用0.11%牛至精油分别与两种不同气体配比气调包装（30%CO_2+70%N_2）和（70%CO_2+30%N_2）协同作用，均将冰鲜鸡肉货架期延长了5~6天。

六、栅栏技术

由于冰鲜鸡肉的品质受多个因素影响，单一的保鲜技术都存在一定的不足。因此，对冰鲜鸡肉的保鲜从采用单一的保鲜技术逐步发展到了采用综合保鲜技术，即栅栏技术。

栅栏技术（Hurdle technology）最早由德国Kulmbach肉类研究中心的Leistner和Roble教授于1976年提出，将食其作用机制是通过控制可以阻止残留腐败菌和病原菌生长繁殖的因子（栅栏因子）及其协同作用来抑制微生物的繁殖，从而延缓食品的腐败变质（郭燕茹等，2014；高磊等，2014；吴文锦等，2015）。栅栏技术应用于冰鲜鸡肉保鲜的相关研究如表7-4所示。

表7-4　冰鲜鸡肉保鲜栅栏技术的相关研究

栅栏技术	各保鲜技术组合	货架期	文献
Articoat-DLP、超高压、气调包装	Articoat-DLP按1：4稀释浸蘸10秒、300兆帕、30%CO_2+70%N_2	28天	（Rodríguez-Calleja等，2012）
金银花提取物、Nisin、气调包装	0.25克/升金银花提取物、30%CO_2+70%N_2；0.05克/升 Nisin、30%CO_2+70%N_2	8天	（吴文锦等，2015）
Nisin-EDTA、气调包装	500国际单位/克、50摩尔/毫升、65%CO_2+30%N_2+5%O_2	13~14天	（Economou等，2009）
壳聚糖涂膜、牛至精油	1克/100毫升、1%	14天	（Khanjari等，2013）

七、各种保鲜技术对比分析

结合上述相关研究，分析得出：化学保鲜技术保鲜效果明显，但是必须控制化学保鲜剂用量以确保食品安全（Leistner等，1995；高磊等，2014）；超高压保鲜技术具有耗能低、环保的优点，但压力会促使脂肪发生氧化（魏静等，2009；Kanatt等，2006）；辐照保鲜技术具有灭菌彻底、无残留物和节约能源的优点，但是在杀菌剂量辐照下，酶不能被完全钝化（曾洺勇，2014；杨宪时等，

2011；Balamatsia等，2006）；生物保鲜技术具有天然安全无毒、简单方便的优点，但保鲜效果相对较差（谢晶等，2011；Latou等，2014）；气调保鲜技术具有安全卫生、副作用小等优点，但对包装材料要求严格（曾洺勇；2014；高磊等，2014）；栅栏技术能够突破单因素保鲜控制措施的限制，能够有效地抑制腐败，保鲜效果明显，但需要优化各保鲜技术组合才能最大限度地延长冰鲜鸡肉的货架期（高磊等，2014；郭燕茹等，2014）。六种保鲜技术优缺点如表7-5所示。

表7-5　冰鲜鸡肉保鲜技术对照

保鲜技术	优点	缺点	文献
化学保鲜技术	简便，经济	需严格控制用量以确保食品的安全性	（Leistner等，1995；高磊等，2014）
超高压保鲜技术	灭菌效果均匀、瞬时、高效、环保	压力会促使脂肪发生氧化	（魏静等，2009；Kanatt等，2006）
辐照保鲜技术	灭菌彻底、无残留物和节约能源	在杀菌剂量辐照下，酶不能被完全钝化；还需考虑消费者接受程度	（曾洺勇，2014；杨宪时等，2011；Balamatsia等，2006）
生物保鲜技术	天然安全无毒、简单方便、成本低廉	保鲜效果较差	（谢晶等，2011；Latou等，2014）
气调保鲜技术	安全卫生、肉色鲜美、副作用小	对包装材料要求严格	（曾洺勇，2014；高磊等，2014）
栅栏技术	保鲜效果更加明显	需优化保鲜技术组合	（高磊等，2014；郭燕茹等，2014）

第八章 基于BP神经网络的冰鲜鸡肉物流温度预测模型构建

第一节 温度预测模型对比分析

温度预测模型有很多，本章对常用的温度预测模型进行了如下分析介绍。

一、线性回归模型

线性回归模型是统计学科中最基础、应用最广泛的数学模型，是探求变量间关系、分析数据有效性的有力工具。线性回归模型利用数理统计分析来确定两种或两种以上变量间相互依赖的定量关系，使用十分广泛。它基于观测数据建立变量间适当的依赖关系，以分析数据内在规律，并可用于预报、控制等问题。在线性回归模型中有两种变量：自变量与因变量。按照自变量和因变量的个数来分类，可以分为一元线性回归和多元线性回归。只有一个自变量和一个因变量时为一元线性回归，回归模型一般可以表示为：

$$y = \beta_0 + \beta_1 x + \varepsilon \qquad （公式41）$$

其中，y是自变量，x是因变量，是误差项，β_0和β_1是回归系数。

一般利用最小二乘法计算模型的回归系数，即根据观测得到的自变量和因变量之间的一组对应关系找出一个给定类型的函数$f(x)$，使得它所取得的值$f(x_i)$与观测值y在各点处偏差的平方和达到最小。即

$$\sum_1^n \left(y_i - f(x_i)\right)^2 = \min \qquad （公式42）$$

两个或两个以上自变量，并且因变量和自变量的关系可以用直线近似表示称为多元线性回归。该模型中自变量与因变量成线性或近似线性关系，适于解决自变量与因变量成因果关系的问题。

二、时间序列模型

时间序列分析法是基于随机过程理论和数理统计学方法，研究随机数据序列遵从的统计规律，应用数列的相互依赖关系以数理统计方法处理，并预测事物发展，其适合应用于时间序列问题，侧重数据序列的互相依赖关系。时间序列分析模型有3种基本类型。

（一）自回归AR模型

若时间序列X_t是它的前期值和随机项的线性函数，即可表示为

$$X_t = \varphi_1 X_{t-1} + \varphi_2 X_{t-2} + \cdots + \varphi_p X_{t-p} + u_t \qquad （公式43）$$

上式为p阶自回归模型，记为AR（p）；式中，实参数φ为自回归系数，为待估参数；随机项服从均值为0，方差为的正态分布。

（二）移动平均（MA）模型

若时间序列是它的当期和前期的随机误差项的线性函数，即可表示为

$$X_t = u_t - \theta_1 u_{t-1} - \theta_2 u_{t-2} - \cdots - \theta_q u_{t-q} \qquad （公式44）$$

上式成为q阶移动平均模型，记为MA（q）；其中实参数，θ_1，θ_2，$\cdots$，θ_q，θ_2，$\cdots$，θ_q为移动平均系数，是待估参数。

（三）自回归移动平均（ARMA）模型

若时间序列X是它的当前和前期的随机误差项以及前期值的线性函数，即可表示为

$$X_t = \varphi_1 X_{t-1} + \varphi_2 X_{t-2} + \cdots \varphi_p X_{t-p} + u_t - \theta_1 u_{t-1} - \theta_2 u_{t-2} - \cdots - \theta_q u_{t-q} \qquad （公式45）$$

上式为（p，q）阶的自回归移动平均模型，记为ARMA（p，q）；其中，实参数，$\varphi_1 \cdots \varphi_p$，$\varphi_p$为自回归系数，$\theta_1$，$\cdots \theta_q$，$\theta_q$为移动平均系数，都是待估参数。

时序分析法的优点在于提取分析历史资料本身所蕴含的信息，找出其规律，并利用这些规律，达到预报未来的目的，无须进行专门的试验来获取其他参数，并且该方法易于掌握，计算工作量小，短期预测精度更高，易于推广，缺点是不适合长期预测，时间的增加会导致误差的累积，因此需要不断添加新的数据进行分析。

三、灰色预测模型

灰色预测法是对部分信息已知，部分信息未知的灰色系统进行预测的方法，利用了随机而杂乱无章的现象中潜在有序性这一规律，建立灰色模型对特征值进行预测。灰色预测模型通过对原始数据关联分析，并进行生成处理生成新的数据序列，然后利用生成数列建立对应其数据规律的微分方程模型，从而实现预测发展趋势。

灰色预测模型生成数列最常用的方法是累加生成，即：

$$x^{(1)}(k) = \sum_{i=1}^{k} x^{(0)}(i) \qquad\qquad （公式46）$$

式中，$x^{(0)}$ 为原始数列，$x^{(1)}$ 为生成数列。

建模时，将原始数列加工成生成数，然后对残差（模型计算值与实际值之差）修订后，建立差分微分方程模型GM（1，1）。若建立的GM（1，1）模型检验不合格或精度不理想时，要对所建模型进行残差修正，即建立GM（1，1）模型的残差模型。

GM（n，h）模型是微分方程模型，可用于对描述对象做长期、连续、动态的反应。从原则上讲，某一灰色系统无论内部机制如何，只要能将该系统原始表征量表示为时间序列$x^{(0)}(t)$，并有$x^{(0)}(t)>0$，即可用GM模型对系统进行描述。灰色模型预测所需的数据量比较少，且样本无须明显的规律性，计算简便，预测精度高。但该方法只有在原始数据呈指数形式变化时，预测结果较准确，否则，预测结果存在较大偏差。

四、BP神经网络模型

BP神经网络模型是模仿人的神经元系统构建的数据处理及映射模型，是一种按误差逆传播算法训练的多层前馈网络，是目前应用最广泛的神经网络模型之一。BP算法是BP神经网络模型的建模核心。

BP算法建立在梯度下降法的基础上。算法由两部分组成：样本数据的正向传递和误差的反向传播。在正向传播过程中，输入信息从输入层逐层计算到输出层。如果在输出层没有得到期望输出，则通过网路将输出层误差沿原来的连接通路反传回来修改各神经元的权值和阈值，直至达到期望的误差目标。

BP网络的基本算法：

1. 向前传递阶段

（1）从样本中取出一个样本（X，Y），将X输入网络

（2）计算实际输出Q

在此阶段，样本数据从输入层经过逐级变换，传送到输出层。

2. 后向传播阶段

（1）计算实际输出Q与理想输出Y之间的误差

（2）根据最小化误差的方法调整权值和阈值

BP神经网络算法流程如图8-1所示：

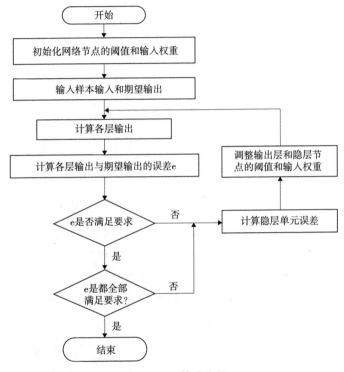

图8-1　BP算法流程

　　BP神经网络能学习和存储大量的输入—输出模式映射关系，无须事前揭示其映射方程，其学习规则是使用最速下降法通过反向传播来不断调整网络的权值和阈值，使网络的误差平方和最小。它是通过对外界环境的学习来获取知识，在数值预测方面，通过对样本数据的学习，即可完成相当精确的预测，该模型是近些年来研究的热点。

第二节　温度预测模型的选取

一、温度预测模型的选取要素

通过以上温度预测模型的介绍分析，表8-1总结了各模型的优缺点。

表8-1　温度预测模型的优缺点

预测模型	优点	缺点
线性回归模型	建模方便简单，可准确地计量各个因素之间的相关程度与回归拟合程度的高低	忽略了交互效应和非线性的因果关系
时间系列分析法	只需历史数据即可分析规律，无须其他参数，且易于掌握，计算工作量小，短期预测精度高	时间的增加会导致误差的累积，因此不适合长期预测
灰色预测法	所需的数据量比较少，且样本无须明显的规律性，计算简便，预测精度较高	只有在数据呈指数增长时才有较高精度，适用于中短期预测
BP神经网络模型	具有较好的非线性映射能力、自学习能力、泛化能力和容错能力	网络结构选择无完整理论指导，只能由经验选定；收敛速度慢

温度预测模型中，线性回归模型应用于线性问题，且善于分析的是两个变量之间的线性关系；时间序列模型应用于时间序列数据，冰鲜鸡肉冷链物流中，温度会受到运输时外界环境、人工搬运等因素影响，温度变化呈非规律性，所以线性回归模型和时间序列模型不适合冰鲜鸡肉冷链物流温度预测；灰色预测模型无需数据具有明显的规律性，但只有样本数据呈指数变化时精度才较高；BP神经网络无需提前知道数据规律，可以通过学习大量的样本数据来拟合数据规律，达到预测目的，且对样本数据没有要求。

二、温度预测模型选取的结论

综上所述，结合冷链物流中温度特点，本节选择学习能力强、泛化能力强的BP神经网络模型进行冰鲜鸡肉的冷链物流过程中温度预测研究，构建基于BP神经网络的温度预测模型，实现冰鲜鸡肉冷链物流过程中的温度预测。

第三节　温度预测模型的构建

一、模型参数的选取及数据采集

1.模型参数选取

冰鲜鸡肉冷链物流中，温度是在室外环境、室内其他环境因子和制冷调控设备等多方面因素综合影响下的结果，其历史温度数据序列隐含了这些因素的综合作用规律。因此，本节选取历史温度作为本模型的参数。

2.数据采集

基于前面对冷链物流流程的分析，在屠宰、分割加工、冷却贮藏、冷链运输和冷藏销售这5个环节中，冷链运输和冷藏销售这两个环节的温度最易产生波动，其中冷链运输环节根据运输距离的不同，运输时间可达几十个小时，这期间一旦温度发生波动对鸡肉的品质影响非常大。因此，本章模拟了冰鲜鸡肉冷链运输过程，采集温度数据。

采用市面上可获得的温度传感器采集温度，然后利用无线传输技术将数据传输到计算机，获取温度数据。

（1）实验材料

本实验采用北京中农宸熙科技有限公司研发的温度采集系统进行温度采集，本采集系统硬件部分由温度采集端和温度处理与传输设备组成。如图8-2所示的温度采集设备负责温度采集，如图8-3所示温度处理与传输设备负责温度数据汇聚以及数据远程发送。采集系统提供温度数据展示软件，展示温度的实时数据和历史数据。使用北京库蓝科技有限公司生产的模型冷藏车设备进行冷链运输环境的模拟。

（2）实验方案

冰鲜鸡肉运输时间在凌晨0：00～6：00之间，本实验选择时间为2015年5月10日晚上23：00至2015年5月11日凌晨6：00，在晚上23：00开启制冷设备降低模拟车厢内温度，使其处于冰鲜鸡肉冷链运输要求的0～4℃区间内，在晚上23：30时，车厢内各个温度采集点陆续降到4℃以下。在模拟运输车厢内安装8个温度采集点。本实验的温度采集间隔是10分钟，在实验过程中，严格控制车厢内温度，保证其温度处在0～4℃区间内。

图8-2 温度采集设备   图8-3 温度处理与传输设备

二、温度预测模型的构建

BP神经网络的构建核心就是生成网络的各层及各层的神经元节点，即输入层的神经元可在创建时候选择，输出层的节点也可在创建时候给定，输入层和输出层的节点个数确定后，再根据相关算法即可确定隐含层节点的个数。

创建模型的具体过程，包括创建网络结构和训练网络两个过程。下面以本节的研究内容冰鲜鸡肉冷链物流中的温度预测模型为实例，创建BP神经网络的具体步骤如下：

1. 网络结构的选择

目前，在BP网络的应用中，多采用3层结构根据人工神经网络定理可知，只要用3层的BP网络就可实现任意函数的逼近。因此，训练结果采用3层BP模型进行模拟预测。

2. 输入输出参数的确定

本节中所采用的输入输出层参数具体如下。

输入参数：历史温度。

输出参数：温度。

为提高模型训练效率，方便网络函数计算，提高模型预测精度，需要对输入输出参数进行归一化处理。本节选择matlab中自带的数据归一化函数（公式47）对数据进行归一化处理。

N=mapminmax(n,0,1)   （公式47）

式中，n为初始输入值，N为归一化后的值，（0，1）表示将数据归一化到（0，1）之间。

3. 输入层、输出层和隐含层节点个数的确定

本节选择历史温度数据为影响因子，利用历史数据的变化规律进行预测，所以使用足够的数据提取规律十分必要。本节选择前4个时刻的历史温度数据作为输入，第五个时刻的预测温度作为输出。

根据Kolmogorov定理：BP神经网络构建中隐含层节点数目n_2，输入层节点数目n_1，输出层节点数目m，a为1～10之间的常数，应满足以下公式：

$$n_2=sqrt(n_1+m+1)+a;$$ （公式48）

or

$$n_1=\log 2(n_2)$$ （公式49）

由kolmogorov定理可以计算出，隐含层节点数应在4～13之间。

对BP神经网络的隐含层节点数为4～13时，分别进行测试，综合考虑网络测试精度尽量高和收敛速度尽量快两个因素，最终确定隐含层节点数为10，如表8-2所示。

表8-2　同隐含层节点下网络性能

隐含层节点个数	训练次数	训练误差
4	155	0.000 997 5
5	153	0.000 999 4
6	203	0.000 994 9
7	132	0.000 998 9
8	94	0.000 988 1
9	101	0.000 983 5
10	86	0.000 987 8
11	91	0.000 992 9
12	130	0.000 996 9
13	197	0.000 999 5

4. 模型结构确定

根据上述网络层数、输入层、输出层和隐含层节点数的确定，构建的BP神经网络模型结构，如图8-4所示。

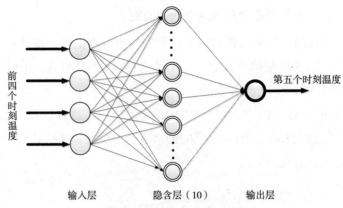

图8-4　神经网络模型结构

5.网络函数的选择

　　BP神经网络中涉及函数有隐含层传递函数、训练函数、学习函数、网络性能函数和仿真函数等。

　　传递函数常用S型的对数"logsig"、正切"tansig"或线性函数"purelin"。其中logsig函数将神经元的输入映射到（0，1）；tansig将神经元的输入映射到（-1，1）；purelin函数的输入输出值为任意值。而本文输入输出归一化至（0，1）区间内，为保证BP神经网络模型的非线性，因此隐含层及输出层传递函数均选取为logsig。

　　常用的训练函数包括：trainlm、trainrp、trainscg、trainbfg和traingdx，表8-3对各个训练函数进行了对比分析。

表8-3　训练函数类型及特点

BP算法	适用问题类型	收敛性能	占用存储空间	其他特点
trainlm	函数拟合	收敛快，误差小	大	性能随网络规模增大而变差
trainrp	模式分类	收敛最快	较小	性能随网络训练误差减小而变差
trainscg	函数拟合 模式分类	收敛较快 性能稳定	中等	尤其适用于网络规模较大的情况
trainbfg	函数拟合	收敛较快	较大	计算量岁网络规模的增大呈几何增长
traingdx	模式分类	收敛较慢	较小	适用于提前停止的方法

　　trainlm具有收敛快、误差小、训练效果最优的特点，因此，本文采用trainlm作为训练函数。

　　常用的学习函数包括：learngd、learngdm，其中，learngdm函数需通过神经元的输入、误差和动量常数计算权值和阈值的变化率；learngd函数只需通过神经元的输入、误差计算权值和阈值的变化率。为提高网络训练速度，本节采用附加动量法构建BP神经网络，因此选取learngdm作为学习函数。

BP神经网络的网络性能函数、仿真函数一般设置为模型默认参数，因此本文网络性能函数选择为mse，仿真函数为sim。

6. 设定网络参数

网络训练之前需要首先设置网络参数。本模型中，动量常数采用默认值0.9，学习速率为0.05，网络性能目标误差为0.001，即当网络训练的误差小于0.001后，即可停止训练。训练的最大步数设置为10 000步，当网络训练次数达到10 000步，但误差还没有达到要求时，就停止训练。

7. 网络训练

将温度采集实验中采集得到的数据进行异常、缺失、冗余数据处理后，选取其中的270组数据作为训练样本数据。将准备好的训练样本数据输入设定好的网络模型中，得出网络训练结果。如图8-5所示，经过86次网络的正向反向传播，模型训练误差达到0.000 997 8。图8-6为训练样本拟合结果。

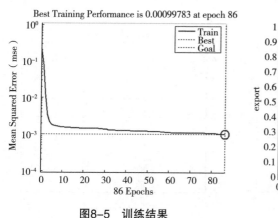

图8-5　训练结果

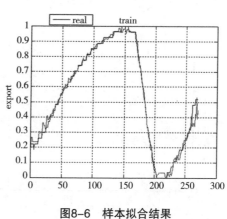

图8-6　样本拟合结果

第四节　温度预测模型的验证

将实验获取的温度数据进行处理后，从中选取15组5个连续时刻的测试数据进行模型验证。进行模型验证的15组数据，如表8-4所示。

表8-4　模型测试数据

输入参数1	输入参数2	输入参数3	输入参数4	输出参数
1	1.1	1.3	2	2.1
1.1	1.3	1.3	2	2.1
1.1	1.3	2	2.1	2.2
1.3	1.3	2	2.1	2.2
1.3	2	2.1	2.2	2.3
1.3	2	2.1	2.2	2.3
2	2.1	2.2	2.3	2.4
2	2.1	2.2	2.3	2.4
2.1	2.2	2.3	2.4	2.5
2.1	2.2	2.3	2.4	2.5
2.2	2.3	2.4	2.5	2.5
2.2	2.3	2.4	2.5	2.5
2.3	2.4	2.5	2.5	2.5
2.3	2.4	2.5	2.5	2.6
2.4	2.5	2.5	2.5	2.6

将验证数据输入构建好的模型中，进行温度的预测。验证样本拟合结果如图8-7所示，预测精度如图8-8所示。

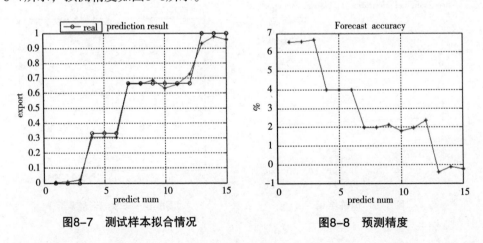

图8-7　测试样本拟合情况　　　　　图8-8　预测精度

利用matlab中自带的反归一化函数对预测结果进行反归一化处理，得到温度预测值。温度预测值与实际值的对比，如表8-5所示。

表8-5　温度预测结果

预测值	实际值	预测误差（％）
2.237 4	2.1	6.545 9
2.238 1	2.1	6.572 7

（续表）

预测值	实际值	预测误差（%）
2.347 1	2.2	6.668 5
2.288 2	2.2	3.998 6
2.391 9	2.3	3.998 6
2.391 9	2.3	3.998 6
2.447 6	2.4	1.981 6
2.491 6	2.4	1.991 6
2.553 0	2.5	2.120 6
2.545 1	2.5	1.804 5
2.548 7	2.5	1.949 0
2.559 0	2.5	2.361 3
2.489 8	2.5	-0.404 4
2.596 6	2.6	-0.129 5
2.593 6	2.6	-0.248 0

　　由表8-5可知，本文构建的基于BP神经网络的温度预测模型的预测误差值在6.70%以内，平均误差为2.99%，预测精度达到97.01%。整体预测精度较高，证明所构建的温度预测模型能够满足实际需要。

第九章 冰鲜鸡肉货架期预测模型构建与验证

本章将依据对食品货架期预测的模型的对比，结合前文对冰鲜鸡肉品质及影响因素的分析，选取基于微生物生长动力学的货架期预测模型，以冰鲜鸡肉的特定腐败菌—假单胞菌数作为表征冰鲜鸡肉的品质指标，以温度为影响冰鲜鸡肉品质的因素，来构建冰鲜鸡肉货架期的预测模型。

第一节 冰鲜鸡肉货架期预测模型的构建

结合上一章关于冰鲜鸡肉品质变化机理和上篇中各预测模型的特点，可以确定假单胞菌是冰鲜鸡肉在冷链物流过程中的特定腐败菌，其生长繁殖是影响冰鲜鸡肉品质变化的主要原因，其数量能够反映冰鲜鸡肉的货架期，因此，选择基于微生物生长动力学的原理，采用假单胞菌生长动力学模型可以用来进行冰鲜鸡肉货架期的预测。

一、模型数据来源

本研究构建模型所需要的数据来源于ComBase微生物生长数据库（Baranyi等，2004）。调研表明，冰鲜鸡肉分割加工、冷链运输、冷藏销售过程中，贮藏温度不超过15℃，且冷链运输和冷藏销售2个环节的温度不超过7℃。因此将0℃、4℃、7℃、10℃和15℃条件下，冰鲜鸡肉中的假单胞菌生长数据用于初级模型的拟合，采用0℃、4℃和7℃条件下实验获取的数据用于预测模型验证。

1. 材料与设备

冰鲜鸡肉是购自北京市某肉鸡企业，选取同一批次的冰鲜鸡胸肉，在0~4℃冷藏条件下，立即运回至实验室。

LHS-150HC型恒温培养箱（上海台海工量具有限公司），用于冰鲜鸡肉的贮藏；EL204-IC电子天平（上海精密科学仪器有限公司），用于称重试验样品。

2.试验方法

到达实验室后，在无菌条件下迅速取样250～300克，分别置于3个恒温培养箱中，将贮藏温度分别控制在0℃、4℃和7℃。每隔适当时间取出冰鲜鸡肉样品进行假单胞菌数的测定，直至冰鲜鸡肉完全腐败。

3.假单胞菌计数

无菌操作每个时间点取样25克，用经过灭菌的绞肉机绞碎后置于装有225毫升灭菌生理盐水的灭菌锥形瓶中，使用震荡仪充分振摇，用10倍体积稀释，按照修改的6×6点样法进行假单胞菌计数。

二、假单胞菌生长动力学初级模型的拟合

虽然很多模型都被研究报道过，但对冰鲜鸡肉而言，在不同温度条件下，采用哪种模型能够更准确的预测其特定腐败菌—假单胞菌的生长曲线和生长动力学参数的变化规律尚未见报道。

Modified Gompertz模型、Baranyi模型、Logistic函数和Huang模型是描述微生物生长较为常用的一级模型，本研究选择上述4种模型，运用Origin软件，分别对0℃、4℃、7℃、10℃和15℃条件下冰鲜鸡肉中的假单胞菌生长曲线进行非线性拟合，图9-1、图9-2、图9-3、图9-4和图9-5分别是5个温度条件下4种模型拟合假单胞菌的生长曲线。

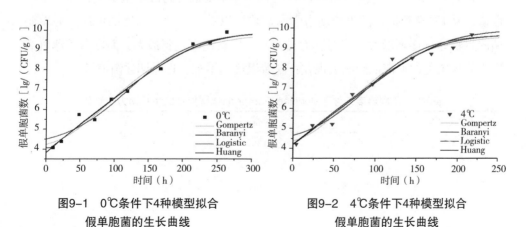

图9-1　0℃条件下4种模型拟合假单胞菌的生长曲线

图9-2　4℃条件下4种模型拟合假单胞菌的生长曲线

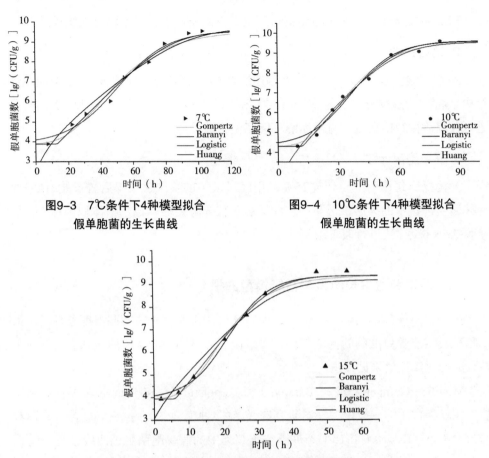

图9-3　7℃条件下4种模型拟合
假单胞菌的生长曲线

图9-4　10℃条件下4种模型拟合
假单胞菌的生长曲线

图9-5　15℃条件下4种模型拟合假单胞菌的生长曲线

　　表9-1、表9-2、表9-3和表9-4分别是4种模型拟合的假单胞菌生长动力学参数值，从4种模型拟合的生长动力学参数均可以看出，随着温度的增加，假单胞菌的生长速率逐渐增大，在温度为15℃时，生长速率达到最大；温度对于冰鲜鸡肉中假单胞菌的迟滞期影响表现在：随着温度的增加，迟滞期逐渐缩短。

表9-1　不同温度条件下Modified Gompertz模型拟合的生长动力学参数

温度（℃）	N0	Nmax	μmax	λ
0	3.993	10.367	0.031	18.856
4	4.250	9.429	0.090	16.680
7	3.488	11.060	0.122	13.597
10	3.785	9.778	0.133	11.420
15	3.901	9.689	0.221	8.196
平均值	3.883	10.065	0.102	13.750

表9-2　不同温度条件下Baranyi模型拟合的生长动力学参数

温度（℃）	N0	Nmax	μmax	λ
0	3.681	10.875	0.023	18.956
4	4.170	9.374	0.038	10.421
7	3.993	9.367	0.026	8.437
10	3.517	9.484	0.116	5.879
15	3.811	9.493	0.215	4.901
平均值	3.834	9.919	0.084	9.719

表9-3　不同温度条件下Logistic模型拟合的生长动力学参数

温度（℃）	N0	Nmax	μmax	λ
0	4.076	9.909	0.021	19.705
4	4.212	9.677	0.027	18.608
7	3.894	9.520	0.064	10.801
10	4.303	9.580	0.091	6.737
15	3.943	9.380	0.167	5.665
平均值	4.086	9.613	0.074	12.302

表9-4　不同温度条件下HUANG模型拟合的生长动力学参数

温度（℃）	N0	Nmax	μmax	λ
0	3.993	10.367	0.026	30.273
4	4.209	9.456	0.035	18.054
7	3.300	10.217	0.070	13.196
10	4.303	9.466	0.117	12.668
15	3.944	9.533	0.188	6.112
平均值	4.097	9.778	0.089	16.061

　　各个以及模型拟合结果的各项统计指标如表9-5所示，为更好地对比Modified Gompertz、Baranyi、Logistic和Huang4种模型对冰鲜鸡肉中假单胞菌的生长曲线拟合精度，采用SPSS18.0软件，选择主成分分析法对各个统计指标进行主成分分析，表9-5是对各项统计指标进行主成分分析的结果。从表9-5可以看出，只有Reduced Chi_sqr的特征值>1，且累积占87.60%，因此，提取Reduced Chi_sqr作为主因子来评价4种模型的拟合精度，Reduced Chi_sqr值越小，表明拟合效果越好。结合表9-6，相比之下可以看出，4种模型中，Modefied Gompertz模型在0℃、4℃、7℃、10℃和15℃温度下的Reduced Chi_sqr均为最小值，拟合效果最理想。

表9-5　4种模型拟合的各项统计指标

T（℃）	模型	Reduced Chi-sqr	Residual Sum of Squares	COD（R^2）	Adj.R-Squre
0	Modified Gompertz	0.06	1.01	0.97	0.97
	Baranyi	0.08	0.61	0.98	0.98
	Logistic	0.07	0.41	0.99	0.99
	HUANG	0.06	0.61	0.98	0.98
4	Modified Gompertz	0.09	0.74	0.98	0.97
	Baranyi	0.11	0.87	0.97	0.97
	Logistic	0.13	1.08	0.97	0.96
	HUANG	0.10	0.89	0.97	0.97
7	Modified Gompertz	0.06	0.79	0.98	0.97
	Baranyi	0.12	0.83	0.98	0.97
	Logistic	0.07	0.47	0.99	0.98
	HUANG	0.06	0.45	0.99	0.99
10	Modified Gompertz	0.05	0.30	0.99	0.99
	Baranyi	0.08	0.46	0.98	0.98
	Logistic	0.11	0.63	0.98	0.97
	HUANG	0.05	0.27	0.99	0.99
15	Modified Gompertz	0.04	0.28	0.99	0.99
	Baranyi	0.18	1.09	0.97	0.97
	Logistic	0.04	0.24	0.99	0.99
	HUANG	0.05	0.14	1.00	1.00

表9-6　各项统计指标的主成分分析结果—解释的总方差

成分	初始特征值			提取平方和载入		
	合计	方差的%	累积%	合计	方差的%	累积%
Reduced Chi_sqr	3.504	87.60	87.60	3.504	87.60	87.60
Residual Sum of Squares	0.345	8.630	96.225	—	—	—
COD（R^2）	0.099	2.483	98.708	—	—	—
Adj.R_Squre	0.052	1.292	100.000	—	—	—

三、假单胞菌生长动力学二级模型的拟合

根据上述4种模型求得的假单胞菌在不同温度下的生长动力学参数，分别利用平方根模型来描述温度对初级模型中生长动力学参数的影响，拟合出温度—最大比生长速率曲线。图9-6、图9-7、图9-8和图9-9分别是采用Modified

Gompertz、Baranyi、Logistic和Huang4种模型拟合出的假单胞菌温度—最大比生长速率曲线，公式分别为：

$$\sqrt{\mu_{\max}} = 0.01714 \times (T + 12.35142) \qquad （公式50）$$

$$\sqrt{\mu_{\max}} = 0.0283 \times (T + 1.37448) \qquad （公式51）$$

$$\sqrt{\mu_{\max}} = 0.01988 \times (T + 5.42543) \qquad （公式52）$$

$$\sqrt{\mu_{\max}} = 0.01983 \times (T + 6.94985) \qquad （公式53）$$

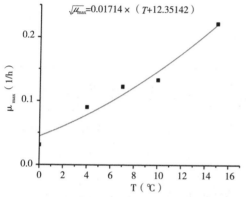

图9-6　Modified Gompertz模型拟合的假单胞菌温度—最大比生长速率曲线

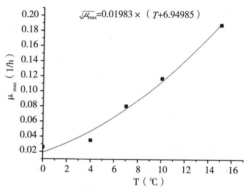

图9-7　Baranyi模型拟合的假单胞菌温度—最大比生长速率曲线

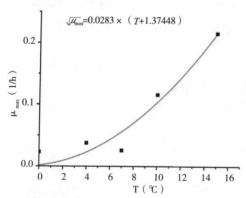

图9-8　Logistic模型拟合的假单胞菌温度—最大比生长速率曲线

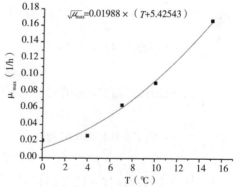

图9-9　Huang模型拟合的假单胞菌温度—最大比生长速率曲线

从图9-6、图9-7、图9-8和图9-9可以看出，Modified Gompertz模型、Baranyi

模型、Logistic函数和Huang模型均可以较好地拟合假单胞菌的最大比生长速率曲线，同样对二级模型拟合的各项统计指标（表9-7）进行主成分分析可以发现Reduced Chi-sqr的特征值>1，且累积占99.523%，因此提取Reduced Chi_sqr作为主因子，Reduced Chi_sqr值越小，表明拟合效果越好。结合表9-8相关数据，相比之下可以看出，4种模型中，采用Modefied Gompertz模型拟合假单胞菌动力学参数用于拟合的温度—最大比生长速率曲线效果最佳。

表9-7　种模型拟合最大比生长速率的各项统计指标

模型	Reduced Chi-sqr	Residual Sum of Squares	COD（R^2）	Adj.R-Squre
Modified Gompertz	2.22E-04	6.65E-04	0.965 353	0.953 81
Baranyi	5.82E-04	0.00175	0.936 23	0.914 98
Logistic	5.86E-05	1.76E-04	0.987 409	0.983 21
HUANG	7.59E-05	2.28E-04	0.987 027	0.982 7

表9-8　二级模型拟合结果的各项统计指标的主成分分析—解释的总方差

成份	初始特征值			提取平方和载入		
	合计	方差的%	累积%	合计	方差的%	累积%
Reduced Chi_sqr	3.981	99.523	99.523	3.981	99.523	99.523
Residual Sum of Squares	0.019	0.477	100.000			
COD（R^2）	0.000	0.000	100.000			
Adj.R_Squre	0.000	0.000	100.000			

图9-10、图9-11、图9-12和图9-13分别是采用Modified Gompertz、Baranyi、Logistic和Huang4种模型拟合出的假单胞菌温度—迟滞期曲线，公式分别为：

$$\sqrt{1/\lambda} = 0.00808 \times (T + 27.2328) \qquad （公式54）$$

$$\sqrt{1/\lambda} = 0.01502 \times (T + 16.0767) \qquad （公式55）$$

$$\sqrt{1/\lambda} = 0.01476 \times (T + 14.0258) \qquad （公式56）$$

$$\sqrt{1/\lambda} = 0.01395 \times (T + 12.5504) \qquad （公式57）$$

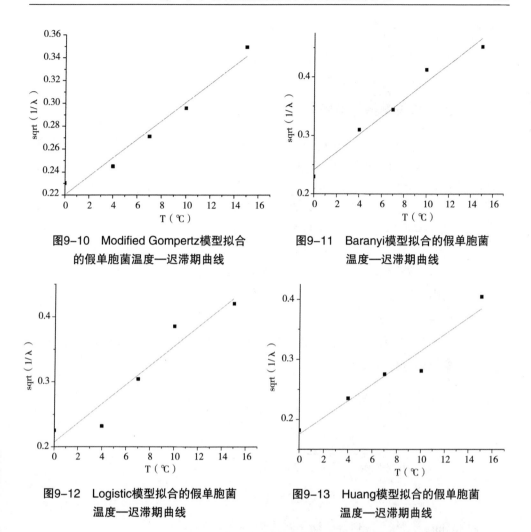

图9-10 Modified Gompertz模型拟合
的假单胞菌温度—迟滞期曲线

图9-11 Baranyi模型拟合的假单胞菌
温度—迟滞期曲线

图9-12 Logistic模型拟合的假单胞菌
温度—迟滞期曲线

图9-13 Huang模型拟合的假单胞菌
温度—迟滞期曲线

从表9-9可以看出，4种模型中，采用Modefied Gompertz模型拟合假单胞菌动力学参数用于拟合的温度—迟滞期效果最佳。

表9-9 4种模型用于拟合迟滞期的各项统计指标

模型	Reduced Chi-sqr	Residual Sum of Squares	COD（R^2）	Adj.R-Squre
Modified Gompertz	2.22E-04	6.65E-04	0.965 353	0.953 81
Baranyi	5.82E-04	0.00175	0.936 23	0.914 98
Logistic	5.86E-05	1.76E-04	0.987 409	0.983 21
HUANG	7.59E-05	2.28E-04	0.987 027	0.982 7

综上所述，将ModifiedGompertz模型应用于假单胞菌生长动力学初级模型和二级模型拟合的效果都最佳，因此，以ModifiedGompertz模型作为初级模型拟合

假单胞菌生长动力学初级模型，平方根模型作为拟合假单胞菌生长动力学的二级模型为基础，构建冰鲜鸡肉货架期预测模型。

四、货架期预测模型的确定

通过ModifiedGompertz模型拟合出不同温度条件下的动力学参数见表结合冰鲜鸡肉中的假单胞菌初始菌数（N_0）、最小腐败量（N_s）和最大菌落数（Nmax）来构建冰鲜鸡肉的货架期预测模型，其剩余货架期（SL）预测模型公式如下：

$$SL = \lambda - \left[\frac{N_{max} - N_0}{2.718 \times \mu_{max}}\right] \times \ln\left[-\ln\left(\frac{N_s - N_0}{N_{max} - N_0}\right) - 1\right] \quad （公式58）$$

其中，最小腐败量（N_s）是指冰鲜鸡肉腐败至达到感官拒绝时的假单胞菌数量，结合前面品质指标的分析，令最小腐败量N_s=6.0lg（CFU/g）；最大菌落数取表中的平均值，N_{max}=10.065lg（CFU/g）。

以上述3个参数为判断指标，构建出冰鲜鸡肉在有氧贮藏条件下（0～15℃）的剩余货架期预测模型如下：

$$SL = \lambda - \left[\frac{10.065 - N_0}{2.718 \times \mu_{max}}\right] \times \ln\left[-\ln\left(\frac{6.0 - N_0}{10.065 - N_0}\right) - 1\right]$$

$$其中，\quad \lambda = \frac{1}{\left(0.008\,08 \times (T + 27.232\,8)\right)^2} \quad （公式59）$$

$$\mu_{max} = \left(0.01714 \times (T + 12.35142)\right)^2$$

将λ和μ$_{max}$代入，得到货架期预测模型的最终公式：

$$SL = \frac{1}{\left(0.008\,08 \times (T + 27.232\,8)\right)^2} -$$

$$\left[\frac{10.065 - N_0}{2.718 \times \left(0.017\,14 \times (T \times 12.351\,42)\right)^2}\right] \times \quad （公式60）$$

$$\ln\left[-\ln\left(\frac{6.0 - N_0}{10.065 - N_0}\right) - 1\right]$$

实际应用中，已知实时监测产品中的假单胞菌初始菌落数量（N_0），就可以预测出0～15℃温度范围内冰鲜鸡肉的剩余货架期。

第二节　冰鲜鸡肉货架期预测模型的验证

一、冰鲜鸡肉货架期预测模型验证由来

根据作者近年来的实验数据和实地调查分析，我们将冰鲜鸡肉货架期的实测值和预测值进行比较，计算相对误差，对本章所构建的货架期预测模型的精度进行评估，其中，实测值通过实验测得。

二、冰鲜鸡肉货架期预测模型验证结论

从表9-10可以看出，在0℃、4℃和7℃下的预测结果与实际值的相对误差均在10%以内，预测精度较高。

表9-10　冰鲜鸡肉货架期预测模型的验证

温度（℃）	预测值（h）	实际值（h）	相对误差（%）
0	80.05	88.35	9.39
4	25.13	27.57	8.85
7	20.12	22.13	9.08

第十章　基于WSN的冰鲜鸡肉物流温度监测与预警方案

第一节　基于WSN的冷链运输温度监测与预警总体方案

一、冰鲜鸡肉冷链运输温度预警方案需求分析

预警（early-warning）指以历史上的调查和统计的各种信息和资料为依据，从事物呈现现象的规律出发，运用科学的方法和手段，对事物未来发展的可能性进行推测和估计，对事物的发展做出科学的分析；根据过去和现在去推测未来，由已知推未知，因此揭示客观事实或事物未来发展规律一门科学（李道亮，2012）。

冰鲜鸡肉冷链运输温度预警是指对冰鲜鸡肉冷链运输车厢内温度采集、传输、处理、分析、预测，依据温度对冰鲜鸡肉对品质变化范围确定预警级别，发送预警信息，保证冰鲜鸡肉在冷链运输过程中品质。

1. 用户需求分析

冰鲜鸡肉冷链运输温度预警方案的用户主要分为两类：一类是冰鲜鸡肉冷链运输物流部人员和负责数据管理的信息部人员。物流部运输人员需要实时了解运输车辆内温度和接收温度预警的短信提示，因此，需要具有实时温度监测数据查询和预警信息查询功能。

另外一类用户是信息部管理人员，管理人员负责系统安全稳定运行，需要具有管理权限，拥有用户、车辆、传感器、登录日志等基础数据管理权限，预警模块的参数、短信提醒人等设置权限，温度历史监测数据查询与统计功能。

2. 功能需求分析

本预警方案需要具有以下功能：第一，实现冰鲜鸡肉冷链运输车厢内温度的实时、准确采集。第二，实现冰鲜鸡肉冷链运输过程中监测数据的远程传输。第

三，实现冰鲜鸡肉冷链运输监测数据处理和安全存储。第四，实现冰鲜鸡肉冷链运输过程中的温度预警。第五，实现冰鲜鸡肉冷链运输温度数据的实时展示、查询、统计、预警参数设置和预警信息推送设置等功能，便于用户获取冰鲜鸡肉冷链运输车厢内温度变化趋势和预警信息。

二、基于WSN温度预警方案总体结构

目前，中国冰鲜鸡肉冷链运输行业尚处于起步阶段，大多数冰鲜鸡肉冷链运输企业很难提供高品质的冷链运输服务，远远满足不了冰鲜鸡肉冷链运输需要。冰鲜鸡肉冷链运输企业主要存在以下两方面的问题：第一，不能对冰鲜鸡肉冷链运输车厢内的温度进行准确控制；第二，缺少预警功能，缺乏对冷链运输车厢的温度变化进行预警，因此不能提早采取预防措施。为解决目前存在问题，本研究设计基于WSN的冰鲜鸡肉冷链运输温度预警方案，实现冰鲜鸡肉冷链运输过程中的温度实时采集、传输、预测和预警，保证冰鲜鸡肉在冷链运输过程中品质。

基于WSN的冰鲜鸡肉冷链运输温度预警方案主要由三部分组成如图10-1所示。第一，冰鲜鸡肉冷链运输车厢内温度采集方案，它由安装在冰鲜鸡肉冷链运

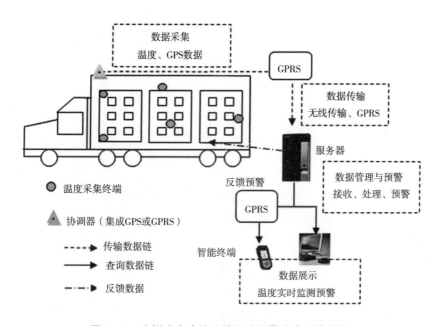

图10-1　冰鲜鸡肉冷链运输温度预警方案总体结构

输车厢内的温度采集终端组成，实现实时采集冷链运输车厢温度。第二，冰鲜鸡肉冷链运输温度传输方案，它由冷链运输车上的集成GPRS模块数据发送设备和

数据服务器上数据接收端组成，实现数据实时传输。第三，数据管理与预警方案，提供温度、GPS等数据的接收、处理、储存、预测以及预警等功能，从而实现数据接收、处理等数据管理功能，以及温度预测与预警。

温度预警方案所需的硬件设备为温度采集终端、协调器和服务器，温度预警方案流程图如图10-2所示，冰鲜鸡肉冷链运输车厢内温度采集终端以10分钟的间隔进行温度采集，将采集到温度数据通过ZigBee通讯协议发送给协调器；协调器汇聚温度采集终端设备采集的温度数据，按照数据传输协议将温度数据和GPS数据进行处理，最后调用GPRS模块，实现温度数据远程传输；服务器端的数据处理程序，依据数据传输协议对数据进行解析，实现温度数据接收、处理和存储。

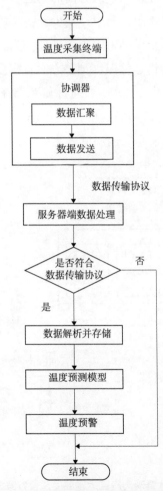

图10-2　基于WSN的冰鲜鸡肉冷链运输温度预警方案流程

S1是指冰鲜鸡肉冷链运输车厢内温度和冷链运输车GPS位置数据采集，然后进行S2。

S2是指温度数据传输包括车厢内数据传输和运输车与远程数据服务器之间数据传输两部分，采用ZigBee建立无线传输网络实现冷链运输车厢内温度采数据传输，运用GPRS技术实现运输车与远程服务器之间数据传输，执行S3。

S3是指数据处理完成服务器接收数据的处理，依据数据传输协议进行数据解析，将解析后温度、GPS等数据存入数据库中，执行S4。

S4是指温度预测模型获取温度实时数据和本采集点两条最新的历史数据，得出温度预测值，执行S5。

S5是指预警模块根据温度预测值做出是否预警判断以及相应预警级别，执行S6。

S6是指预警方案流程结束。

第二节　　冰鲜鸡肉冷链运输车厢内温度采集方案

温度是影响冷链运输中冰鲜鸡肉品质的关键因素，如何准确地采集运输车厢内温度是本方案的关键。通过对冰鲜鸡肉运输现状的调研，冰鲜鸡肉冷藏车厢内温度采集点分布方式过于简单和随意。冷链运输车厢内温度分布具有差异性（于学军，2007），温度差异性导致采用单个传感器对车厢内温度采集具有不完整性、不稳定性和片面性（刘静，2013）。采用多温度传感器采集车厢内温度参数能够有效的避免单一传感器采集的缺陷，保证冰鲜鸡肉冷链运输过程中品质。

一、温度传感器选择

随着物联网技术发展和应用，市场存在大量不同类型的温度传感器，如何从中选出适合冰鲜鸡肉冷链运输温度采集的温度传感器，是冰鲜鸡肉冷链运输温度准确采集基础。根据依据传感器输出信息类型，可分为模拟式和数字式两种类型。模拟式传感器输出电压、电流等模拟信号，与模拟式传感器相比，数字式传感器以数字形式输出，同时具有抗干扰能力强的特点，当前传感器从模拟式向数字式方向发展，因此，本研究选用数字式传感器。

冰鲜鸡肉的运输温度在0~4℃之间，故温度传感器的测量区间要大于0~4℃；为降低企业成本，选用的数字式温度传感器应便宜；同时体积较小，以便于后期集成、部署和安装。根据以上需求，选择DS18B20型温度传感器，具体参数如表10-1所示。

表10-1　DS18B20温度传感器参数指标

类别	内容
测量范围	-55～125℃
测量精度	±0.5℃
供电	3.0～5.5V
价位	4.00元
特点	可防水，使用中不需要外围元件

二、冰鲜鸡肉冷链运输车厢温度传感器布点方案设计

1. 冷链运输车厢内温度分布的差异性

冷藏车装载冰鲜鸡肉产品后，由于冰鲜鸡肉产品堆码的因素，可能会造成冷藏车箱内温度的不均匀，通常送风口温度最低，而回风口和箱门端上部温度最高，车厢内送风和回风的温差为2℃左右（于学军，2007）。受冷藏车厢结构、车门开关等因素影响，冷藏车厢内温度不同，温度分布具有差异性（刘静，2013）。

2. 单一温度传感器采集具有局限性

基于运输车厢内温度分布不均，单一温度传感器只能采集运输车厢内局部温度，从而不能准确的对运输车厢内的温度进行采集。冷藏运输车厢内送风口和回风口温差较大，因此在车厢内安装一个温度传感器不能满足温度采集的需要。

冰鲜鸡肉运输过程中伴随着偶然因素（震动、开关车门等）导致传感器的稳定性变差，传感器自身偶然误差导致温度采集结果不准确、不完整。为解决上述问题，采用多传感器采集方式，从而实现全面、稳定采集车厢内的温度。

通过以上分析，车厢内温度分布不均和单一传感器采集的局限性，选取合适的运输车厢内传感器布点方案是准确采集车厢内温度充分条件。国内外相关的文献对传感器部署方面有不少研究，从最早期的随机部署、规则部署发展到优化点位部署以及依据模型的预测部署（刘静，2013）。

因此在冰鲜鸡肉冷藏运输温度采集点分布原则为：

第一，温度采集点能够反映出车厢内温度规律，保证监测数据准确、可靠。

第二，温度采集点部署"节约"，即以最少温度采集点采集车厢内温度。

第三，温度采集点部署实用，考虑冰鲜鸡肉产品运输的实际情况，部署的采集点不能妨碍冰鲜鸡肉运输。

依据以上部署原则，参考刘静（2013）提出的多目标决策模糊物元分析法优化的传感器布点方案如图10-3所示，该方案具有95%的准确度，利用7个采集点代替27个采集点，这大大降低温度采集的成本。但该布点方案存在不足：1号和5号采集点因妨碍冰鲜鸡肉产品的装车和卸车，从而不能满足冰鲜鸡肉运输的实际需要。

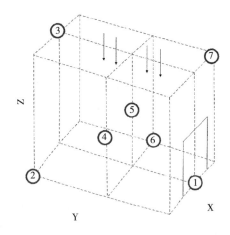

图10-3　多目标决策模糊物元优化后传感器布点方案

针对上述布点方案的不足，结合冰鲜鸡肉冷链运输实际需要，本节提出温度传感器布点方案如图10-4所示，即采用1和2两个采集点代替原方案中的1采集点，6采集点代替原方案中的5点。

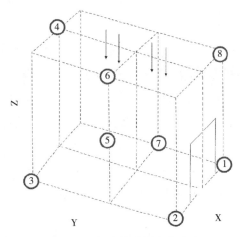

图10-4　温度传感器布点方案

为验证图10-4所示温度传感器布点方案的准确性，本节采用实验方法进行验证。为便于两种传感器布点方案结果比对，将图10-3布点方案和图10-4布点方案合并得出图10-5所示的温度传感器布点方案。

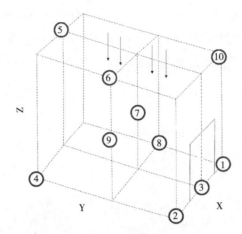

图10-5　合并后传感器布点方案

3. 实验材料

本实验采用北京中农宸熙科技有限公司研发的温度采集系统进行温度采集，本采集系统硬件部分由温度采集端和温度处理与传输设备组成。如图10-6所示的温度采集设备负责温度采集，以及如图10-7所示温度处理与传输设备负责温度数据汇聚以及数据远程发送。采集系统提供温度数据展示软件，展示温度的实时数据和历史数据。使用北京库蓝科技有限公司生产的模型冷藏车设备进行冷链运输环境的模拟。

4. 实验方案

冰鲜鸡肉运输时间在凌晨0∶00至早上6∶00之间，本实验选择时间为2015年1月18日晚上11∶00至2015年1月19日凌晨6∶00，在晚上11∶00开启打冷设备降低模拟车厢内温度，使其处于冰鲜鸡肉冷链运输要求的0～4℃区间内，在晚上11∶30，车厢内各个温度采集点陆续降到4℃以下。模拟运输车厢内温度采集点分布如图10-5所示，在模拟运输车厢内安装9个温度采集点，箭头方向为打冷设备送冷气的方向。本实验的温度采集间隔是10分钟，在实验过程中，严格控制车厢内温度，保证其温度处在0～4℃区间内。

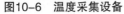

图10-6　温度采集设备　　　　　图10-7　温度处理与传输设备

5. 实验数据分析

利用北京中农宸熙科技有限公司温度采集系统的数据展示软件整理出采集点1、采集点2、采集点3、采集点6和采集点7的温度数据。通过分析温度数据记录中1、2、3采集点温度值的特点，采集点3可用采集点1、2表示，如公式61所示，TM_1表示采集点1的温度，TM_2表示采集点2的温度，TM_3表示采集点3的温度。

$$TM_3=（TM_1+TM_2）/2 \tag{公式61}$$

根据实验数据，采集点3温度计算结果和跟实际温度采集相同的记录共计33条，占总比重的89.19%，其余4条记录采集结果和运算结果误差为0.05℃，因此根据公式61，采集点1和采集点2表示采集点3。

通过分析采集点6和采集点7温度数据，采集点7和采集点6的关系可用公式62表示，TM_7表示采集点7的温度，TM_6表示采集点6的温度。

$$TM_7=TM_6+0.1 \tag{公式62}$$

根据实验数据，采集点6和采集点7相差0.1摄氏度共计24条，占总比重的64.86%，共有13条温度采集记录采集点6和采集点7相同，误差0.1℃，因此采集点7可用采集点6依据公式62表示。

通过上述实验结果，提出温度传感器布点方案，是经济、可靠的，即用最少传感器数量准确采集出运输车厢内温度，同时满足冰鲜鸡肉冷链运输实际需要。

第三节　基于WSN的温度采集数据传输与处理方案

在冷链运输车狭小的空间中，如何稳定可靠的传输8个采集点的温度数据，又不影响冰鲜鸡肉冷链运输人员实际作业流程，这是预警方案需解决另一个问题。传统的冷链运输车厢内温度采集方案采用有线的方式，但有线方式是建立在只对车厢顶部4个点进行温度采集基础上。本文提出温度传感器布点方案采用传统的有线方式进行数据传输，不仅影响冰鲜鸡肉冷链运输人员实际作业流程，而且温度采集准确性和稳定性也受影响。为解决上述有线数据传输弊端，选取合适无线通信技术应用到本方案中。

一、无线数据传输技术分析与选取

目前，在无线数据传输方面可采用的技术很多，例如ZigBee、蓝牙、GPRS、红外以及Wi-Fi等技术（方圆，2008）。通过对上述无线传输技术的分析与比较，得出如表10-2所示无线传输技术对比表（周仁游，2014），从中选择合适的无线数据传输技术应用于基于WSN的冰鲜鸡肉冷链运输温度预警方案。

表10-2　　无线传输技术参数对比

类别	ZigBee	蓝牙	GPRS	红外	Wi-Fi
传输速度	20～256kbps	1Mbps	64～128kbps	1～4Mbps	10Mbps
传输距离	0～85m	0～25m	0～35千米	1米	0～100米
网络节点	0～65 536	7	1 000	2	32
成本	最低	较低	最高	低	较高
电池寿命（天）	1～1 000	1～7	1～7	1～50	1～5
优点	低功耗，低成本，高可靠性	成本低，易操作	距离最远，稳定高	短距离	速度高，稳定性强

由表10-2所示，与其他的无线通信技术相比，ZigBee无线通信技术具有以下优点：第一，ZigBee的成本最低；第二，ZigBee的功耗较低，电池的使用寿命较高；第三，ZigBee具有自组网的特点，在整个数据传输网络中，某个采集点工作异常，不影响整个网络数据传输，因此可靠性较高。故ZigBee技术适用于近距离、数据量不大、数据传输速率要求不高、高可靠的数据传输网络，而冰鲜鸡肉冷链运输车厢内8个温度采集节点数据传输符合ZigBee技术适用的网络类型。ZigBee技术已经广泛应用于数据传输中，郭斌（2011）、张锐（2013）和周林（2012）等人已将ZigBee技术应用到温度数据传输方面。因此，采用ZigBee技术建立无线数据传输网络，实现冰鲜鸡肉冷链运输车厢温度数据传输。

与其他数据传输技术相比，GPRS技术具有传输距离最远和稳定最高的优点，GPRS技术弥补ZigBee网络数据传输距离短的缺点。因此，本预警方案采用

ZigBee+GPRS结合的方式实现冰鲜鸡肉冷链运输过程中温度采集数据传输，采用
ZigBee实现冰鲜鸡肉冷链运输车厢内温度数据传输，应用GPRS实现冷链运输车
与远程数据服务器之间数据通信。

二、基于WSN的温度采集数据传输方案设计

1. 冷链运输车厢内温度采集数据传输

ZigBee无线数据传输网络由终端、路由器和协调器3种设备组成。终端设备
集成传感器，具有数据采集功能，又叫采集终端；路由器负责将采集终端采集
到的数据转发给协调器，同时转发协调器向采集终端命令；协调器是ZigBee无线
数据传输网络的核心，一个ZigBee只能存在一个协调节点，协调器负责网络的建
立，管理ZigBee网络的采集终端和路由器（曹越，2013）。在冷链运输车厢内构
建ZigBee数据传输网络，其传输网络结构如图10-8所示，采集终端集成温度传输
器，具有温度采集功能。

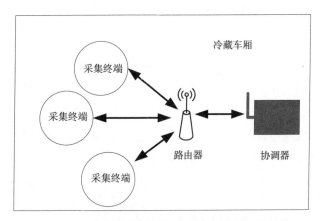

图10-8　冷链运输车厢内ZigBee数据传输网络结构

2. 冷链运输温度采集数据远程传输

GPRS技术基于成熟GSM技术发展起来，具有网络覆盖范围广、传输速率较
高、接入时间短、实时在线、网络安全性稳定、按量计费、与Internet无缝连接等
优点（许颖，2012，李飞飞，2010）。根据国内外相关文献，GPRS技术在数据
远程传输方面应用广泛，侯俊伟（2013）、韩华峰等（2009）、王家敏（2013）
等人将GPRS技术应用到监测数据远程传输方面，并且取得不错效果，因此采用
GPRS技术解决ZigBee网络中协调器中的采集数据传输到远程数据服务器问题，
GPRS远程传输示意图如图10-9所示。

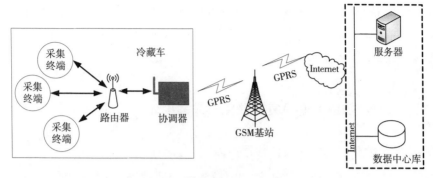

图10-9　GPRS远程传输示意

三、冷链运输温度数据传输处理方案

温度采集数据通过网络进行传输，需要保证传输数据完整性、安全性以及准确性。为实现上述要求，需要对温度传输数据进行处理，温度数据传输处理包括发送端数据处理和接收端数据处理两部分。

数据发送端和数据接收端进行数据传输需要遵守一定的数据传输协议，依据本预警方案传输数据需要，制定了数据传输协议。数据传输协议格式为：BEGIN||GPS：GPS数据，采集点1名称：温度……，采集点8名称：温度，TM：采集时间||END。BEGIN代表数据传输协议头，END代表数据传输协议尾，||之间代表传输数据的内容。数据传输内容包括10个数据项，每个数据项之间采用逗号隔开，第一个数据项为GPS数据，具体格式是GPS：GPS坐标数据，第二数据项至第九数据项是采集点温度数据，具体格式是采集点名称：采集点温度，第十项是时间数据，具体格式是TM：采集时间。

1. 发送端数据处理

发送端数据处理模块将GPS数据、8个采集点温度数据以及采集时间，按照数据传输协议处理数据得到字符串。发送端调用GPRS数据发送向目标服务器的目标端口发送字符串。

2. 接收端数据处理

接收端数据处理模块实时监听数据服务器上的数据接收端口（例如：9090），每接收新的数据，依据数据传输协议检查接收的数据是否为正确数据，如果不符合数据传输协议，数据处理程序直接抛弃该数据；只有符合数据传输协议，才根据数据传输协议进一步解析数据，解析出采集时间、GPS、采集点名称以及温度数据，存入SQL Server2005数据库并缓存到内存数据库Memcached，从而完成对所接收的温度数据和车辆实时位置数据（GPS数据）的实时处理。

第四节　冰鲜鸡肉冷链运输温度预警设计

本节依据温度预测模型的温度预测值进行温度预警，根据实际调研以及相关文献等，划分预警的级别，设计预警策略和预警流程，完成温度预警设计。

一、冰鲜鸡肉冷链运输温度预警级别判定

冰鲜鸡肉冷链运输温度预警首先要确定预警级别，如表10-3所示，根据冰鲜鸡肉冷链运输需求划分4个预警级别。

表10-3　预警级别

预警级别	温度区间	描述
无预警	0～4℃	冰鲜鸡肉在冷链运输过程处于适宜的温度
轻预警	（-2，0）、（4，7）	冰鲜鸡肉品质几乎没有变化，但持续一段时间，需引起关注
中预警	（-∞，-2）、（7，10）	冰鲜鸡肉品质开始发生变化，持续一段数据，会引发鸡肉品质迅速变化
重预警	（10，+∞）	冰鲜鸡肉品质迅速发生变化，需要立即采取措施

二、冰鲜鸡肉冷链运输温度预警规则

预警规则制定首先考虑冰鲜鸡肉运输过程中温度对品质的影响。冰鲜鸡肉在不同的温度条件下，品质变化速度不同。在不适宜的温度条件的时间越久，冰鲜鸡肉品质变化速度越快，在极端温度条件下，冰鲜鸡肉甚至发生腐败变质。

在冰鲜鸡肉冷链运输温度监测、预测、预警的过程中，由于温度传感器稳定性问题，温度监测数据可能会出现误差，冰鲜鸡肉冷链运输过程中车门的开关导致温度波动，因此制定合理的预警机制是十分必要的。

预警机制将预警级别和冰鲜鸡肉品质变化温度区间结合，能够提高预警的准确度，减少预警系统误报次数。根据实际调研、相关资料以及专家咨询，制定预警规则如表10-4所示。

表10-4　预警规则

品质状态	持续时间	10分钟	30分钟	预警级别
良好				无预警
一般		良好或一般	良好	无预警
一般		良好或一般	差或恶劣	轻预警
一般		差或恶劣	良好或一般	轻预警
一般		差或恶劣	差或恶劣	中预警
差	10分钟	良好或一般	良好	轻预警
差	10分钟	良好或一般	差或恶劣	中预警
差	10分钟	差或恶劣		重预警
差	10分钟以上	中预警		重预警
恶劣	10分钟			中预警
恶劣	10分钟以上			重预警

　　温度预测值与预警规则比对，首先根据温度的监测值和温度预测值确定冰鲜鸡肉品质变化的温度区间，然后根据冰鲜鸡肉品质变化的温度区间持续的时间确定预警级别。当预警级别达到轻预警及以上时，系统发出预警。冰鲜鸡肉冷链运输人员收到预警信息后，开启打冷设备，实现人工调节运输车厢内温度。

第十一章　冰鲜鸡肉物流温度监测与货架期预测管理系统的开发与测试

本章将前文对温度监测与预警研究成果采用java开发语言实现，本章基于B/S模式开发了冰鲜鸡肉冷链运输温度监测与预警系统，不仅实现了实时监测运输车厢温度和GPS数据，而且较准确地对温度进行预警，保证运输过程鸡肉品质；同时便于企业管理人员实时掌握冰鲜鸡肉运输过程温度变化、温度的预警及报警信息，实现冰鲜鸡肉贮藏温度的实时监测及冰鲜鸡肉货架期的预测，为用户管理冰鲜鸡肉的品质提供决策支持。

第一节　冰鲜鸡肉货架期预测系统设计

一、系统需求分析

目前，冰鲜鸡肉冷链运输温度监测系统能够实现温度数据实时采集与传输功能，但在数据展示方面存在以下不足：第一，温度监测数据通过车载电脑进行数据展示，形式单一，成本较高，不利于大规模推广使用。第二，温度监测系统一般采用C/S模式，不利于监测数据展示以及远程共享。第三，信息反馈机制一般采用报警方式，存在一定的滞后性。针对上述不足，设计了冰鲜鸡肉冷链运输温度监测与预警系统，为冰鲜鸡肉冷链运输从业者提供温度实时展示与预警服务。

本章节根据实际调研，分析得出用户实际需求，设计冰鲜鸡肉冷链运输温度监测与预警系统。通过对冰鲜鸡肉冷链运输过程中温度监测与预警，便于冰鲜鸡肉冷链运输人员及时了解冷链运输过程中温度变化情况。依据系统发出预警短信，控制车厢中制冷设备的运行，保证冰鲜鸡肉在冷链运输过程中处于适宜温度区间，同时节约运营成本，提高企业效益。企业信息管理人员可依据温度监测历史数据，掌握冰鲜鸡肉冷链运输过程中温度变化趋势，制定最优的运输方案，实现运输资源的合理配置。

　　本系统用户主要分为两类：负责冰鲜鸡肉冷链运输的物流部人员和系统管理的信息部人员。根据用户实际业务和系统安全稳定运行的需要，系统根据用户类型赋予不同的操作权限。

二、系统性能分析

　　依据冰鲜鸡肉冷链运输温度监测与预警系统系统需求分析，系统的性能需满足以下两个方面：

1. 数据的准确性

　　系统设计旨在通过对冰鲜鸡肉冷链物流过程温度监测，依据温度监测数据实现温度预警，保证冰鲜鸡肉在冷链运输过程中品质；降低运输成本，提高企业经济效益；便于消费者在后期冰鲜鸡肉可追溯系统中了解其在运输过程中的状况，监测数据必须可靠、准确。这要求监测系统实时、稳定和可靠的采集、传输和处理温度监测数据，保证系统内的数据准确可靠。

2. 系统的安全性

　　系统中数据包括运输车的车厢内实时温度监测数据、车辆以及客户数据等，上述数据是冷链运输公司的机密数据，甚至影响到公司的运营。温度监测数据还影响系统中预警模型的预测结果，因此保证系统中数据准确与安全是系统的基础。

三、系统架构设计

　　根据前文系统分析的结果，梳理总结出在冰鲜鸡肉货架期预测系统中，所主要解决的问题是：能够实现冰鲜鸡肉贮藏温度的实时监测、实时预测货架期、根据货架期预测结果进行决策分析并推送决策结果等功能。基于此，本文设计冰鲜鸡肉货架期预测系统的整体架构图如图11-1所示。本系统采用基于MVC模式的B/S（浏览器/服务器）三层架构：表现层、业务逻辑层和数据服务层。

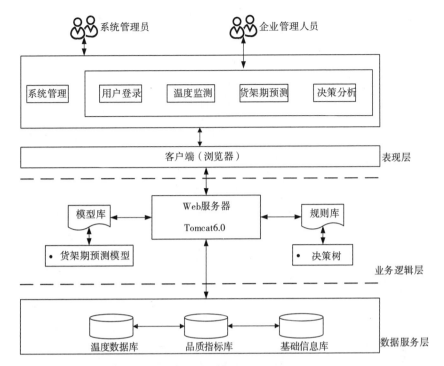

图11-1　系统整体功能框架

1. 数据服务层

数据服务层接收、存储和提供用于系统温度监测、货架期预测、决策分析和系统管理等功能运行时的实时数据、历史数据、元数据和模型。数据层包括温度数据库、品质指标库、基础数据库以及JDBC数据接口。温度数据库存储监测点信息、监测点温度数据等监测数据；品质指标库存储冰鲜鸡肉品质相关数据；基础信息库存储用户数据、监测点数据两部分基础数据。

2. 业务逻辑层

业务逻辑层负责处理表现层业务请求，调用数据服务层的数据，实现温度监测、货架期预测和决策分析等功能服务。通过数据服务层实现对数据库的操作，同时为冰鲜鸡肉货架期预测系统的表现层提供访问数据库的接口或函数。业务逻辑层是系统架构中体现核心价值的部分，处于数据服务层和表现层之间，在数据交换中起到了承上启下的作用。

3. 表现层

表现层是应用冰鲜鸡肉货架期预测系统的具体页面，通过统一的接口向数据服务层发送请求，业务逻辑层将请求按照一定的逻辑规则处理后进入数据库操作，将从数据库返回的数据集合封装成对象形式返回到表现层。

四、系统模块设计

根据上节系统架构设计冰鲜鸡肉货架期预测系统共包括4个功能模块：温度监测模块、货架期预测模块、决策支持模块和系统管理模块，各个功能模块又由若干个子模块组成，如图11-2所示。

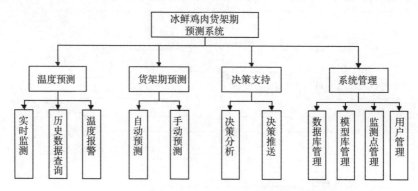

图11-2   冰鲜鸡肉货架期预测系统功能模块

1. 温度监测模块

温度监测模块包括冰鲜鸡肉贮藏温度实时监测、实时报警和历史数据的查询三个部分。其中，实时监测子模块对监测点的贮藏温度进行查询和显示；实时报警子模块根据用户设置的温度阈值进行自动判断，如果超出阈值范围，进行报警；历史数据查询子模块为用户提供温度数据查询的功能。

2. 货架期预测模块

货架期预测模块是冰鲜鸡肉货架期预测系统的核心功能模块，包括自动预测子模块和手动预测子模块。自动预测子模块为系统决策分析提供支持，首先选择监测点，录入冰鲜鸡肉的假单胞菌初始菌落总数，设置预测频率，保存自动预测设置后，系统根据用户预测设置，后台根据冰鲜鸡肉的品质参数和贮藏温度，调用货架期预测模型进行冰鲜鸡肉剩余货架期预测，并将用户录入数据加入品质指标库，为后期优化货架期预测模型提供支持，自动预测的货架期预测结果在决策支持模块显示；手动预测子模块用户通过选择监测点，录入冰鲜鸡肉的假单胞菌初始数量，调用货架期预测模型，实现货架期预测功能。

3. 决策分析模块

决策分析模块通过调用决策分析准则实现决策分析。根据冰鲜鸡肉的贮藏温度及剩余货架期，调用决策分析准则，为用户管理冰鲜鸡肉的贮藏和销售提供决策支持，用户能够选择推送一个或多个监测点的决策结果，为用户提供web页面推送或短信推送等服务。

4. 系统管理模块

系统管理模块包括用户管理、监测点管理、数据库管理四个功能。系统管理员通过用户管理实现用户信息的增加、删除、修改和查询，能够对用户的权限设置，实现对系统用户的动态管理，保证系统运行安全；监测点管理实现各个监测点数据管理；数据库管理功能主要包括数据的添加、修改及删除，系统后期写入数据的存取，货架期预测结果及决策分析结果的输出、存档等功能。

五、数据库设计

本系统采用Microsoft SQL Server2005作为系统数据库，按照三范式规范设计数据库。本系统包括温度数据库、报警数据库、品质指标数据库、决策支持库和基础数据库5个数据库，其中温度数据库用于存储监测到的温度数据，品质指标数据库用于存储冰鲜鸡肉的品质指标数据，如图11-3所示。具体如下：

1. 温度数据库

温度数据库存储与监测温度相关的传感器信息、监测点信息和传感器采集到的温度数据信息，三者之间的关系是监测到的温度数据正确存储和实时显示的基础，温度数据存储方式是提高用户查询和统计速度的基础。

2. 报警数据库

报警数据库存储报警温度阈值、报警频率和短信报警信息，为实现向用户进行温度报警提供相应的支撑。

3. 品质指标数据库

品质指标库用于存储假单胞菌初始菌落总数、货架期预测结果等信息，为冰鲜鸡肉货架期的预测以及决策分析提供数据支撑。

4. 基础信息库

基础信息库用于存储支持系统安全运行的用户信息。

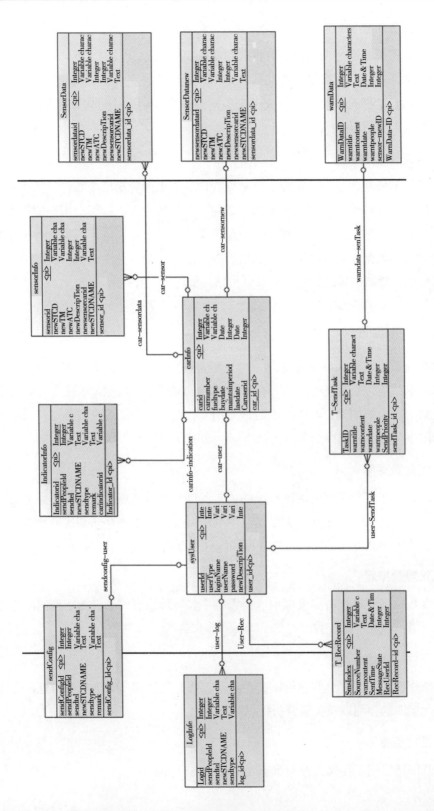

图11-3　数据库E-R设计

第二节　系统开发

一、开发环境

1. 操作系统

本系统采用B/S架构，系统应用服务器和数据服务器的操作系统选用Windows Server2003。客户端的操作系统选用Microsoft Windows XP及以上版本，建议使用是Windows7旗舰版。Windows Server2003是微软公司于2003年推出的一个面向服务器的操作系统。具有便于部署、管理和使用，安全的基础结构，低维护成本，较强用户功能呢、可靠性、可用性和安全性的高度可靠的特点。

2. 数据库

目前应用的主流数据库包括Oracle、MySQL、Microsoft SQL Server等，虽然Oracle数据库具有高稳定性、功能强大、高安全性、强大的数据处理能力等优点，但是Oracle数据库的易用性和友好型较差、价格昂贵。MySQL数据库具有开源、价格便宜、性能出色等优点，MySQL具有处理大量数据性能较低以及功能较为单一等缺点。Microsoft SQL Server具有较强的易用性和友好型、较高安全性、较强功能等特点，同时与Windows Server 2003系统兼容较好，因此本文选用Microsoft SQL Server 2005作为系统数据库。Microsoft SQL Server 2005是微软公司推出一个全面的数据管理平台，为关系性和结构化的数据提供安全可靠的存储功能（栗慧峰，2011）。Microsoft SQL Server 2005具有界面优好、便于使用等优点。此外，Microsoft SQL Server 2005具有完善中文帮助文档，便于解决安装和开发中所遇到各个问题。Microsoft SQL Server 2005具有较高市场占有率，产品成熟、稳定。

3. Web应用服务器

Web应用服务器是能够实现动态网页技术的服务器，本文选用Tomcat6.0作为系统的Web应用服务器。Tomcat服务器是一个开源的免费的Web应用服务器，是一种轻量级应用服务器，在中小型系统和并发访问用户不是很多的场合下被普遍使用（刘峥，2013），是开发和调试Java程序的首选。

4. 开发与调试平台

本系统采用java开发语言，java一种跨平台的、面向对象的程序设计语言；java语言具有高通用性、高效性和安全性，广泛应用于各行各业（徐静，2013）。本节选择MyEclipse10.0作为开发与调试平台，MyEclipse10.0在开源软件eclipse基础上加入各种插件而形成一种企业级的开发环境，具有功能强大、支持广泛，尤其对各种开源产品支持效果良好。MyEclipse10.0支持JaveEE开发、发布以及提高Tomcat等应用服务器整合方面的工作效率。具有功能丰富的JavaEE集成开发环境，包括完善的编码、调试和发布功能，完整支持JSP、Java Servlet、AJAX、Struts、CSS、Javascript、Spring、Hibernate和JDBC等。

二、系统开发关键技术

1. JDBC技术

JDBC（Java Data Base Connectivity）是一种用于执行SQL语句的Java API，可以统一向多种关系数据库提供访问服务，它由Java语言编写的接口和类组成（杨亚洲，2009）。JDBC作为java连接数据库标准接口，程序开发人员使用该API就可完成对数据库简单、高效的操作。JDBC操作数据库包括3个步骤：与目标数据库建立连接、向数据库发送SQL语句并接收处理结果、关闭与目标数据之间的连接（岐世峰，2009）。JDBC在调用SQL语句方面具有较高的效率，被设计成一种基础接口，可以为高级数据接口和工具服务。目前，越来越多的开发人员采用JDBC技术进行数据库操作，降低开发难度，提高开发效率。

2. Spring MVC

Spring MVC框架是基于MVC框架，通过实现Model-View-Controller模型将数据层、业务层和展现层进行分离。Spring MVC的设计是围绕DispatcherServlet展开的，DispatcherServlet负责将请求派发到特定的handler。通过可配置的handler mappings、view resolution、locale以及theme resolution来处理请求并且转到对应的视图。

3. Hibernate

Hibernate是一个开源的对象关系映射框架，对JDBC做了一个轻量的对象封装，从而使程序开发人员使用面向对象的思维来操作数据库，完成数据持久化。

Hibernate的核心类和接口一共有6个，分别为：Session、SessionFactory、Transaction、Query、Criteria和Configuration。这6个核心和类接口在任何开发中都会用到。通过这些接口，不仅可以对持久化对象进行存取，还能够进行事务控制（李倩，2010）。

4. FusionCharts

FusionCharts是一个Flash的图表组件，用来制作数据动画图表。FusionCharts可用于任何网页的脚本语言类似于HTML，.NET，JSP等，提供互动性和强大的图表（张金虎，2012）。FusionCharts采用XML格式数据，FusionCharts利用Flash技术创建紧凑，互动性和视觉效果好的图表。FusionCharts提供条形图，柱状图，线图，饼图等图表类型。

三、系统功能模块开发

1. 系统登录

系统登录是用户进行操作的首个功能模块，只有通过系统登录验证后方可对其他功能模块进行操作。系统登录模块采用MVC模式进行开发，login.jsp和index.jsp组成显示层（View），View负责发起数据请求和数据显示；LoginAction类是业务逻辑控制层（Controller），负责请求数据处理与目标数据输出；UserDAO类是数据处理层（Model），UserDAO类基于面向对象思维的操作数据库的Hibernate框架实现，负责从数据库获取目标数据。系统登录功能流程如图11-4所示，Login.jsp以POST方式，向LoginAction类userLogin（）方法发送登录请求，userLogin（）方法调用UserDAO类的findUser（String name），UserDAO类根据登录用户名调用Hibernate方法进行数据查询，以List结果集或Null对象方式返回给LoginAction类，LoginAction类根据返回数据信息判断系统用户是否登录成功，登录成功调到首页index.jsp，登录失败调到login.jsp并给予相应的提示。

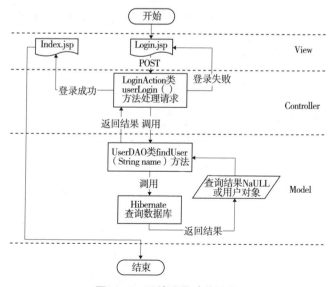

图11-4 系统登录功能流程

用户在浏览器中输入：http：//localhost：8080/coldchain/，即可出现系统登录界面如（图11-5）所示，系统在用户名文本框、密码文本框和验证码文本框都设置了错误捕捉程序，当用户输入信息有误时，系统将立即提示用户输入错误。

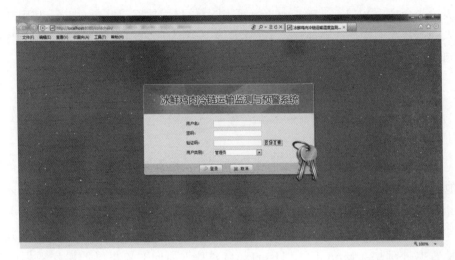

图11-5　系统登录页面

2. 实时监测

实时监测模块包括监测车辆位置展示和监测数据实时展示两个功能。其中，监测车辆实时位置显示基于百度地图API开发，采用百度地图JavaScript API 1.5，其是一套由JavaScript语言编写的应用程序接口，具有功能丰富、交互性强的特点，支持PC端和移动端基于浏览器的地图应用开发，且支持HTML5特性的地图开发。本模块采用MVC方式实时从数据库中获取运输车辆GPS数据，然后基于百度地图的API进行冷链运输车实时位置展示，关键代码如下所示，xpoint和ypoint表示GPS的坐标。监测车辆实时位置展示界面如图11-6所示。

```
<script type="text/javascript">
//百度地图API功能
var map = new BMap.Map（"allmap"）；
var point=new BMap.Point（<%=xpoint%>，<%=ypoint%>）；
map.centerAndZoom（point，12）；
var marker = new BMap.Marker（point）；//创建标注
map.addOverlay（marker）；//将标注添加到地图中
marker.setAnimation（BMAP_ANIMATION_BOUNCE）；//跳动的动画
</script>
```

图11-6　车辆实时位置页面

　　监测数据实时展示基于FusionCharts报表插件开发，FusionCharts报表是有一套可以运行XML数据的SWF文件组成。监测数据实时展示功能基于MVC架构开发，如图11-7所示，realdata.jsp代表View层，realdataAction.java代表Controller层，realdataDao.java代表Model层。realdata.jsp包含FusionCharts中Thermometer.swf文件，向realdataAction.java发送数据请求，realdataDAO.java根据Controller层数据请求通过Hibernate框架从数据库获取目标数据，然后将数据返回给Controller层的realdataAction.java文件，Controller层根据具体情况将数据转换成XML格式并传送到realdata.jsp图表显示界面，图表显示界面realdata.jsp通过Fash插件对XML数据进行解析并展示图表，最新时刻监测数据页面，如图11-8所示。

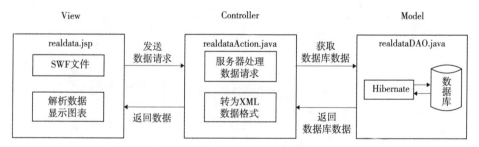

图11-7　基于FusionCharts的监测数据实时展示流程

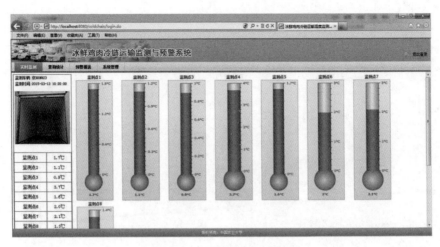

图11-8　温度实时监测页面

3. 查询统计

查询统计模块包括数据查询和数据统计2个子模块。数据查询提供监测历史数据的查询，便于用户了解温度监测历史数据；数据统计提供以折线图等报表方式展示监测历史数据，便于直观向系统用户展示监测数据变化趋势。

查询统计模块采用MVC模式进行开发，现以数据查询子模块为例，数据查询功能框架如图11-9所示，queryDataList.jsp是显示层（View），View负责发起数据请求和数据显示；historyDataAction类是业务逻辑控制层（Controller），负责请求数据处理与目标数据输出；historyDataDAO类是数据处理层（Model），historyDataDAO类基于面向对象思维的操作数据库的Hibernate框架实现，负责从数据库获取目标数据。

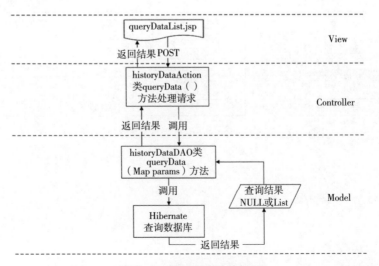

图11-9　数据查询功能框架

数据查询具体实现流程如下：queryDataList.jsp以POST方式，向historyData Action类queryData（）方法发送登录请求，queryData（）方法调用historyDataDAO类的queryData（Map params），historyDataDAO类根据params中的查询条件调用Hibernate方法进行数据查询，以List结果集或Null对象方式返回给historyDataAction类，historyDataAction类将返回的数据信息传递给queryDataList.jsp，queryDataList.jsp根据返回的数据信息在界面中进行显示，具体实现界面如图11-10所示。

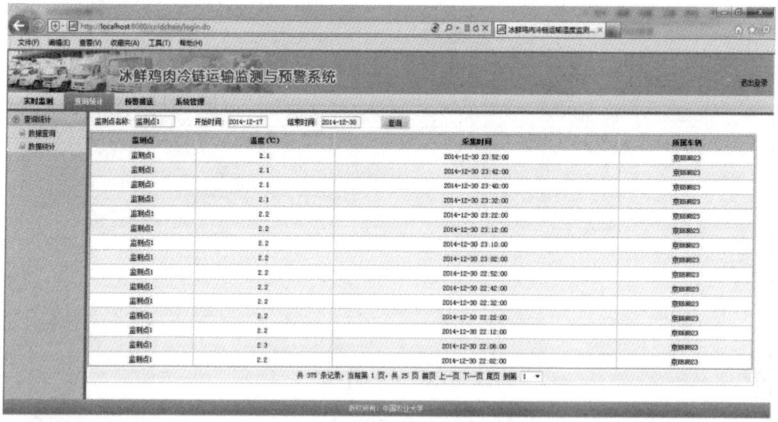

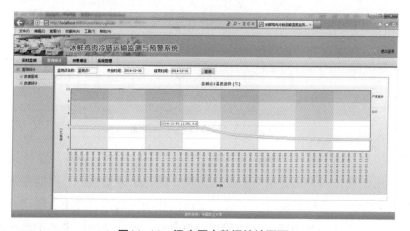

图11-10　温度历史数据查询页面

数据统计采用MVC模式和基于FusionCharts报表插件开发，采用Line.swf展示折现图。基于FusionCharts 的数据统计流程图与图11-7所示流程图类似，View层向Controller层发送数据请求，Controller层根据View层的数据请求，调用Model层的数据接口得到目标数据，Controller层将目标数据转为XML格式后发送给View层，Line.swf根据XML数据信息进行折线图展示，具体实现界面如图11-11所示。

图11-11　温度历史数据统计页面

4. 预警推送

预警推送包括阈值设定、预警设置、预警推送和预警信息四个子模块，本模块采用MVC模式进行开发，功能框架图跟查询统计类似，本部分不做详细介绍。阈值设定提供对报警指标阈值设定如图11-12所示，预警设置提供对预警模型相关信息的设置，预警推送提供自动和手动两种方式发送预警信息，预警信息提供对预警信息浏览如图11-13所示。

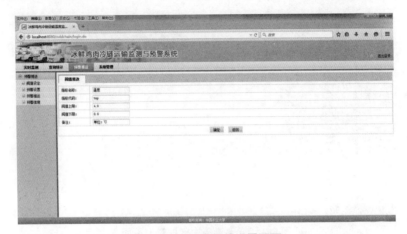

图11-12　预警阈值设置页面

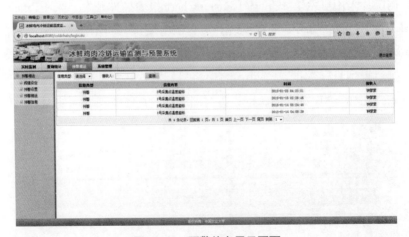

图11-13　预警信息展示页面

预警信息发送基于金笛短信猫实现，如图11-14所示，金迪短信模块专门针对短信应用设计，内含工业级短信发送模块，简化了通信接口，性能稳定可靠，符合各种商业和工业级短信应用要求，支持向移动、联通以及小灵通用户收发短信。金迪短信模块需要内置一张中国移动SIM卡，将金迪短信模块跟服务器的串口相连后，利用金迪短信中间件实现数据库和短信猫配置。

图11-14　金笛短信猫

5. 货架期预测

货架预测模块包括自动预测和手动预测2个子模块，如图11-15和图11-16所示。自动预测提供自动预测模型所需监测点、初始菌落总数、预测次数参数的配置，便于系统预测模型自动启动货架期预测功能；手动预测提供依据监测点和初始菌落总数，进行货架期预测功能，系统通过监测点数据自动获取最新时刻的温度数据，从而实现实时的货架期预测。

图11-15　货架期自动预测设置页面

图11-16　货架期手动预测页面

6. 决策分析

决策支持包括决策分析和决策推送，决策分析模块依据货架期预测结果和决策支持库中数据得出决策数据，同时支持决策信息的手动推送，如图11-17所示。决策推送通过推送信息设置，从而实现信息的自动推送。

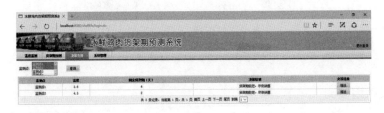

图11-17   决策分析页面

7. 系统管理

系统管理提供给管理员维护系统用户和支撑系统正常运行的基础数据的维护，本模块采用MVC模式进行开发，功能框架图跟查询统计类似，本部分不做详细介绍。用户管理子模块提供系统用户管理的功能如图11-18所示，车辆管理提供维护系统内车辆信息管理功能，传感器管理提供对系统内传感器信息的管理，登录日志提供对系统登录日志信息的查询。

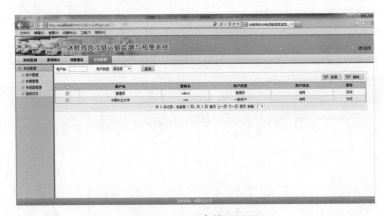

图11-18   用户管理页面

第三节　系统测试

一、硬件系统测试

为验证冰鲜冷链运输预警方案硬件采集与传输性能以及稳定性，本节模拟冰鲜鸡肉冷链运输过程，对硬件模型信息采集与传输进行准确性与稳定性验证。本测试在实验室环境模型冰鲜鸡肉冷链运输，对采集节点与传输节点在冷藏环境中信息采集的准确性和传输的稳定进行测试验证。冷链运输环境模拟使用北京库蓝科技有限公司模型冷藏车设备，在模拟冷藏车内控制模拟车厢内温度处于0 ~ 4℃。将温度采集终端图11-19所示根据温度传感器的布点方案放置在指定的位置，图11-20为协调器。具体测试方案如表11-1所示。

表11-1　模拟冷链运输车测试方案

测试对象	测试时间	环境温度	采集指标
模型冷链运输车	18小时（0：00 ~ 6：00，3天）	在0 ~ 4℃之间	温度

其他参数设置：

冰鲜鸡肉品牌及用量：某公司生产冰鲜鸡肉，100千克。

采集频率：10分钟。

图11-19　温度采集终端

图11-20　协调器

根据上述测试方案，温度曲线如图11-21所示，温度呈现上升趋势，这因为只有模拟冷库中温度超过3.5℃时，才开启制冷设备。依据温度监测数据测试结果得出冰鲜冷链运输预警方案的温度数据采集准确性以及数据传输稳定符合预期，能够准确稳定、准确的采集冰鲜鸡肉冷链运输过程温度。

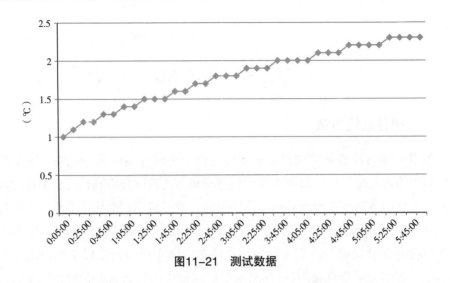

图11-21　测试数据

二、软件系统功能测试

　　功能测试就是对系统的各功能进行验证，根据功能测试用例，逐项测试，检查产品是否达到用户要求的功能。根据系统测试用例，实现系统的功能测试，功能测试结果如表11-2所示，系统主要功能模块测试通过。

表11-2　系统功能测试结果

序号	测试项	基本要求	测试情况	通过情况
1	登录	输入正确的用户名和密码可以登录系统 输入错误的用户名和密码，系统给出明确提示	功能实现	通过
2	实时监测	实时获取各个监测点最新温度监测数据	功能实现	通过
3	分析统计—数据查询	输入监测点、起止时间正确显示温度监测数据	功能实现	通过
4	分析统计—数据统计	输入监测点、起止时间正确统计温度监测数据	功能实现	通过
5	预警推送—阈值设定	正确设置监测参数阈值	功能实现	通过
6	预警推送—预警设置	正确设置预警参数	功能实现	通过
7	预警推送—预警推送	正确设置预警推送人手机号	功能实现	通过
8	预警推送—预警信息	正确查询预警信息	功能实现	通过
9	系统管理—用户管理	正确对用户信息增加、删除、修改和查询	功能实现	通过
10	系统管理—车辆管理	正确对车辆信息增加、删除、修改和查询	功能实现	通过
11	系统管理—传感器管理	正确对传感器信息增加、删除、修改和查询	功能实现	通过
12	系统管理—登录日志	正确对登录日志查询	功能实现	通过

三、软件系统性能测试

性能测试利用自动化的模拟工具对系统的性能指标进行测试，本次测试使用HP公司的性能测试工具LoadRunner v9.0生成虚拟用户，通过LoadRunner设计场景测试登录功能的最大进发用户，同时使用LR监控服务器的系统资源和性能指标。本系统部署在HP ProLiant DL388 Gen9服务器，服务器配置如表11-3所示。

表11-3　服务器配置

性能指标	参数
CPU	Xeon E5-2650 v3 2.3GHz十核
内存	DDR4 64G
网卡	四端口千兆
硬盘	2×300 SAS

性能测试过程，60秒时间内添加50个用户，达到最大用户数后持续2分钟，运行结果如图11-22所示。

1. 每秒完成事务数

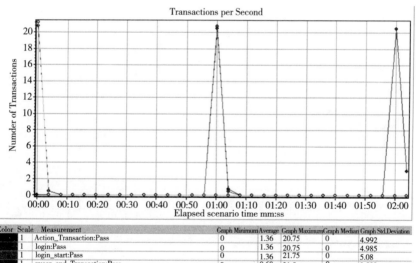

Color	Scale	Measurement	Graph Minimum	Average	Graph Maximum	Graph Median	Graph Std.Deviation
	1	Action_Transaction:Pass	0	1.36	20.75	0	4.992
	1	login:Pass	0	1.36	20.75	0	4.985
	1	login_start:Pass	0	1.36	21.75	0	5.08
	1	vuser_end_Transaction:Pass	0	0.68	21.5	0	3.588
	1	vuser_init_Transaction:Pass	0	0.68	21.25	0	3.697

图11-22　事务响应时间

正如图11-22所示，事务响应时间图显示了完成每个事务所花费的时间，监控事务响应时间可以查看服务器对客户的响应时间。

2. 每秒点击次数

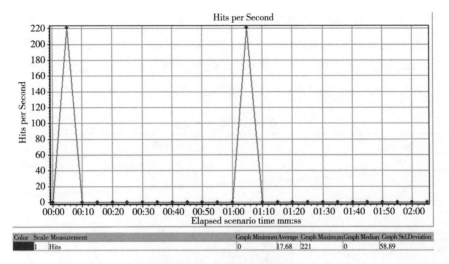

图11-23 每秒点击次数

如图11-23所示，每秒点击次数图显示在每一场景运行过程中虚拟用户每秒时间向Web服务器提交的点击次数（HTTP请求）。

3. 吞吐量

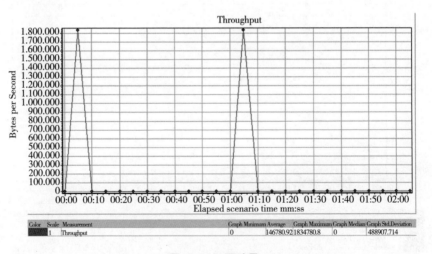

图11-24 吞吐量

如图11-24所示，吞吐量图显示Web服务器在场景或会话步骤运行的每一秒时间（X轴）中的吞吐量（Y轴）。吞吐量的度量单位是字节，表示虚拟用户在任何给定的某一秒时间上从服务器获得的数据量。可将此图与事务响应时间图进行比较，以查看吞吐量对事务性能产生的影响。

4. Windows资源图

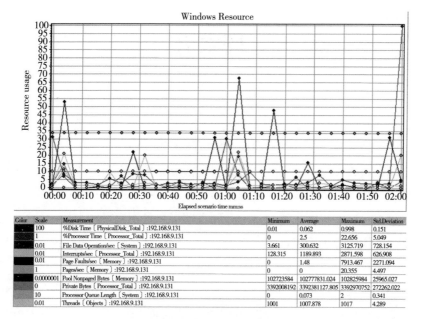

图11-25　Window资源图

如图11-25所示，Window资源图可以监控服务器的Windows资源使用率以探查处理器、磁盘或内存使用率问题。在测试期间进行监控可以帮助确定性能较差的原因。

通过以上性能测试，该系统性能满足实际运行需求。

图索引

FIGURE INDEX

表索引
TABLE INDEX

参考文献
REFERENCES

白丹. 2012. 齐齐哈尔市鸡蛋生产方式与养殖效益浅析[J]. 理论观察（5）: 81-82.

宝鹤鹏, 饶晓鑫. 2015. 2014年我国冷藏车市场高速增长[J]. 专用汽车（2）: 46-48.

卞琳琳, 刘爱军. 2014. 中国城镇居民鸡蛋消费行为研究——基于江苏省市场的调研[J]. 世界农业（5）: 188-193.

卞琳琳, 刘爱军. 2013. 中国鸡蛋产业供需状况及发展对策分析[J]. 世界农业（2）: 128-132.

蔡超. 2012. 酸奶在贮存期间参数的变化和对货架寿命预测模型的研究[D]. 武汉: 华中农业大学.

曹平, 于燕波, 李培荣. 2007. 应用Weibull Hazard Analysis方法预测食品货架寿命[J]. 食品科学（8）: 87-491.

曹越. 2013. 基于ZigBee的温度监测系统开发[D]. 西安: 西安电子科技大学.

曾杰, 张华. 2009. 基于最小二乘支持向量机的风速预测模型[J]. 电网技术, 33（18）: 144-147.

曾名湧. 2014. 食品保藏原理与技术[M]. 北京: 化学工业出版社.

曾晓房, 林惠珍, 邝智祥, 等. 2010. 冰鲜肉中腐败菌的研究现状[J]. 安徽农业科学（34）: 19550-19552, 19558.

陈冰岩. 2012. 基于GIS的最优路径选择研究[D]. 大连: 大连海事大学.

陈萃仁, 崔绍荣, 方利军, 等. 1997. 草莓果实振动损伤的预测模型[J]. 农业工程学报（9）: 213-216.

陈家华, 方晓明, 朱坚, 等. 2007. 畜禽及其产品质量和安全分析技术[M]. 北京: 化学工业出版社.

陈建林, 张雪娇, 王向红, 等. 2015. 中国对虾重组虾肉货架期预测模型的建立[J]. 现代食品科技（10）: 234-240, 262.

陈鹏, 程镜蓉, 陈之瑶, 等. 2016. 黄羽肉鸡冷鲜储存过程中品质变化研究[J]. 现代食品科技（3）：5-9.

陈琼. 2013. 中国肉鸡生产的成本收益与效率研究[D]. 北京：中国农业科学院.

陈文亮，洪伯铿. 2002. 乌鸡蛋涂膜保鲜的研究[J]. 食品工业科技，10（23）：23-25.

陈晓宇，朱志强，张小栓，等. 2015. 食品货架期预测研究进展与趋势[J]. 农业机
    械学报（8）：192-199.

戴奕杰，李宗军，王远亮. 2011. 冷却肉中假单胞菌生长动力学模型的建立[J]. 肉
    类研究（4）：17-21.

邓勋飞，王开荣，吕晓男，等. 2009. 基于GIS技术的农产品产地编码研究与应用
    [J]. 浙江大学学报（自然科学版），35（1）：93-97.

丁宁，李燕凌，彭首创，等. 2009. 供港冰鲜鸡加工工艺的控制[J]. 中国家禽
    （11）：57-58.

董亚维. 2006. 高温对AA肉鸡和北京油鸡生产性能及肌肉品质风味的影响[D]. 杨
    凌：西北农林科技大学.

樊景超，周国民. 2011. 苹果货架期的近红外光谱定性分析[J]. 中国食物与营养，
    17（1）：47-49.

方俊. 2011. 基于WebGIS的农产品检测管理决策系统设计与实现[D]. 南昌：江西
    农业大学.

方圆. 2008. 新兴短距离无线通信技术——UWB[J]. 中国电子商情（RFID技术与
    应用）（1）：14-16.

冯敏，张保顺，黄明，等. 2005. 焙烤食品货架期的影响因素和延长措施[J]. 食品
    工业科技，3（13）：49-51.

冯仕彬. 2011. 我国典型鸡蛋流通模式的比较分析[J]. 中国畜牧杂志，47（10）：
    7-10.

付雄新，周受钦，谢小鹏. 2010. 农产品物流运输装备智能监测与跟踪技术[J]. 农
    机化研究（8）：166-169.

傅利军. 2012. 商品"速成鸡"的营养与安全——专访中国农业大学南庆贤教授
    [J]. 肉类研究（12）：4-6.

傅鹏，马昕，周康，等. 2007. 热死环丝菌生长预测模型的建立[J]. 食品科学
    （9）：433-437.

傅泽田，邢少华，张小栓. 2013. 食品质量安全可追溯关键技术发展研究[J]. 农业
    机械学报（7）：144-153.

傅泽田，邢少华，张小栓. 2013. 食品质量安全可追溯关键技术发展研究[J]. 农业

机械学报（7）：144-153.

高磊，谢晶. 2014. 生鲜鸡肉保鲜技术研究进展[J]. 食品与机械（5）：310-315.

高明正，张火明，金尚忠. 2008. BP神经网络在船舶与海洋工程中的应用研究[J].
　　舰船科学技术（1）：34-40，44.

宫玉龙，王金海，徐书芳. 2013. 基于RFID的冷链运输远程监测系统研究与设计
　　[J]. 电子技术应用（5）：69-72，75.

顾凤兰，章建浩，马磊，等. 2015. 不同涂膜材料对清洁鸡蛋的保鲜效果[J]. 农业
　　工程学报，31（1）：301-310.

顾海宁，李强，李文钊，等. 2013. 冷却猪肉贮存中的品质变化及货架期预测[J].
　　现代食品科技（11）：2621-2626.

官晖，杨晓清，宋晓宇，等. 2009. 振动对河套蜜瓜采后生理特性影响的研究[J].
　　内蒙古农业大学学报，30（1）：142-145.

郭斌，钱建平，张太红，等. 2011. 基于Zigbee的果蔬冷链配送环境信息采集系统
　　[J]. 农业工程学报（6）：208-213.

郭燕茹，顾赛麒，王帅，等. 2014. 栅栏技术在水产品加工与贮藏中应用的研究进
　　展[J]. 食品科学（11）：339-342.

国家统计局. 2015. 中国畜牧年鉴[M]. 北京：中国农业出版社.

韩华峰，杜克明，孙忠富，等. 2009. 基于ZigBee网络的温室环境远程监控系统设
　　计与应用[J]. 农业工程学报（7）：158-163.

何艾，刘宁彰，谢辉，等. 2015. 壳聚糖结合气调包装对冷藏期间芒果最少加工品
　　品质的影响[J]. 食品科技，40（3）：24-28.

贺昌政，李晓峰，俞海. 2002. BP人工神经网络模型的新改进及其应用[J]. 数学的
　　实践与认识（4）：554-561.

贺政纲，帅斌，廖伟. 2004. GIS在物流中心选址中的应用[J]. 物流与信息（5）：
　　17-20.

侯军，李媚，石英木. 2010. 不同温湿度条件对油菜货架期的影响[J]. 食品科学
　　（31）：43-46.

侯俊伟，周受钦，王海林，等. 2013. 食品冷链配送中温度采集系统的设计与试验
　　[J]. 物联网技术（12）：9-12，15.

胡定寰. 1996. 北京鸡蛋生产的计量分析[J]. 农业技术经济（2）：26-30.

胡跃. 2008. 冷却肉的市场前景及保鲜包装技术概述[J]. 贵州畜牧兽医（1）：
　　30-31.

黄俊彦，韩春阳，姜浩. 2007. 气调保鲜包装技术的应用[J]. 包装工程（1）: 44-
    48.

黄明发，张全生，陈天毅，等. 2014. 重庆冷鲜猪肉市场分析[J]. 肉类工业
    （7）: 1-3.

黄娜丽，王宏勋，刘明芹. 2013. 热杀索丝菌在冷鲜猪肉馅中生长动力学模型研究
    [J]. 保鲜与加工（2）: 26-29.

黄强力，闵成军. 2012. 冷鲜肉的推广势在必行[J]. 肉类工业（3）: 51-53.

黄涛. 2005. 不同品种鸡肌肉风味品质的比较研究[D]. 武汉: 华中农业大学.

黄雯，常有宏，蔺经，等. 2011. 不同保鲜膜材料对翠冠梨货架期品质的影响[J].
    保鲜与加工，11（1）: 21-24.

黄璇. 2014. 水貂奇异变形杆菌分离鉴定及其OMPA基因克隆与原核表达[D]. 济
    南: 山东农业大学.

霍君生，邓春景. 1994. 蜂胶对鸡蛋高温贮藏生理及蛋壳表皮超微结构的影响[J].
    河北农业大学学报，3（17）: 103-106.

纪德文，王晓东. 2007. 传感器网络中的数据管理[J]. 中国教育网络（2）: 53-56.

纪志鹏. 2012. 基于云GIS的物流配送路径研究[D]. 北京: 中国矿业大学.

菅宗昌，卢立新. 2013. 食品防潮包装货架期预测软件系统开发[J]. 包装工程，24
    （3）: 25-29.

江汉湖. 2002. 食品微生物学[M]. 北京: 中国农业出版社.

江松涛. 2009. 道路交通流短时预测方法及实证研究[D]. 杭州: 浙江工业大学.

江晓东. 2011. 基于WebGIS的茶叶质量安全追溯系统的研究与实现[D]. 杭州: 浙
    江工业大学.

姜高霞. 2012. 分层线性模型方法及其降水量的分层特性研究[D]. 保定: 华北电力
    大学.

姜英杰. 2008. 假单胞菌和大肠杆菌在冷却猪肉中生长预测模型的建立[D]. 南京:
    南京农业大学.

乐国友，张作昌. 2013. 基于GIS的物流中心单设施选址模型优化研究[J]. 物流技
    术，32（12）: 205-207.

黎柳，谢晶，苏辉，等. 2015. 含茶多酚、植酸生物保鲜剂冰对鲳鱼保鲜效果的研
    究[J]. 食品工业科技，36（1）: 338-343.

李道亮. 2012. 农业物联网导论[M]. 北京: 科学出版社.

李飞飞. 2010. 基于无线传感器网络的海参养殖水质监测预警系统研究[D]. 北京:

中国农业大学.

李飞燕. 2011. 冷却牛肉菌落总数生长模型及货架期预测模型的研究[D]. 济南：山东农业大学.

李虹敏, 徐幸莲, 朱志远, 等. 2009. 化学减菌处理对冰鲜鸡肉的保鲜效果[J]. 中国农业科学（7）：2505-2512.

李锦. 2013. 易腐食品冷藏运输温度调控及优化研究[D]. 长沙：中南大学.

李军, 田卫, 葛毅强, 等. 2004. 腐生酵母菌在鲜榨苹果汁中的生长速率预测模型[J]. 食品与发酵工业（7）：6-11.

李俊营, 詹凯, 吴俊锋, 等. 2012. 不同储藏方式对鸡蛋品质的影响[J]. 家畜生态学报, 33（1）：47-49.

李亮科, 马骥. 2013. 北京市鸡蛋市场供需与流通结构分析[J]. 中国家禽, 35（22）：35-38.

李苗云, 孙灵霞, 周光宏, 等. 2008. 冷却猪肉不同贮藏温度的货架期预测模型[J]. 农业工程学报, 24（4）：235-239.

李苗云, 孙灵霞, 周光宏, 等. 2008. 冷却猪肉不同贮藏温度的货架期预测模型[J]. 农业工程学报, 24（4）：235-239.

李苗云, 张建威, 樊静, 等. 2012. 生鲜鸡肉货架期预测模型的建立与评价[J]. 食品科学（23）：60-63.

李苗云. 2003. 冷却猪肉中微生物生态分析及货架期预测模型的研究[D]. 南京：南京农业大学.

李楠, 张艳芳, 韩剑飞, 等. 2015. 超高压杀菌对冰鲜鸡肉感官品质及微生物的影响[J]. 肉类工业（3）：19-23，27.

李倩. 2010. 客运专线动态可视工程施工管理信息系统关键技术研究[D]. 长沙：中南大学.

李特. 2008. 鸡肉弹性与其新鲜度相关性的研究[D]. 长春：吉林大学.

李文娟. 2008. 鸡肉品质相关脂肪代谢功能基因的筛选及营养调控研究[D]. 北京：中国农业科学院.

李小昱, 汪小芳, 王为, 等. 2007. 基于机械特性BP神经网络的苹果贮藏品质预测[J]. 农业工程学报, 23（5）：150-153.

李媛惠, 李苗云, 赵改名, 等. 2013. 反复冻融对调理鸡肉骨肉相连品质的影响[J]. 河南农业大学学报（2）：187-191.

李媛惠. 2013. 生鲜调理鸡肉货架期预测模型评价与统一化研究[D]. 郑州：河南农

业大学.

李媛惠. 2013. 生鲜调理鸡肉货架期预测模型评价与统一化研究[D]. 郑州：河南农业大学.

李志勇，易敏英，高健婷，等. 2001. 盒装巴氏奶货架期的快速预测[J]. 中国乳品工业（6）：37-40.

李忠辉，姚开，贾冬英，等. 2011. 冷鲜鸡胸肉主要腐败菌的分离及低温贮藏对货架期的影响[J]. 食品与发酵工业（1）：167-170.

李忠辉，姚开，贾冬英，等. 2011. 冷鲜鸡胸肉主要腐败菌的分离及低温贮藏对货架期的影响[J]. 食品与发酵工业（37）：167-170.

栗慧峰. 2011. 呼伦贝尔大学教务管理信息系统设计与实现[D]. 哈尔滨：东北师范大学.

林顿，黄斯，陶晓亚，等. 2014. 兰溪花猪肉微冻气调包装的保鲜效果[J]. 食品工业科技（24）：332-337.

林竞雨，李怡洁，马骥. 2012. 北京市城镇居民品牌鸡蛋消费的特征分析[J]. 中国食物与营养，18（2）：47-49.

刘超群，陈艳丽，王宏勋，等. 2010. 冷鲜猪肉中热杀索丝菌生长预测模型的建立与验证[J]. 食品科学（18）：86-89.

刘登勇，周光宏，徐幸莲. 2005. 我国肉鸡加工业的现状及发展趋势[J]. 食品科学（11）：246-249.

刘胐. 2015. 不同贮藏温度对冷鲜鸡微生物和肉品品质的影响研究[D]. 杨凌：西北农林科技大学.

刘红. 2002. 冷却肉的特点及发展前景[J]. 上海畜牧兽医通讯（4）：29.

刘华英，张锐利，秦俊凤. 2012. 机械伤害对库车小白杏贮藏品质的影响[J]. 塔里木大学学报，24（2）：14-18.

刘会珍，高振江. 2005. 不同保鲜剂对常温下鸡蛋保鲜效果的影响[J]. 保鲜与加工，5（4）：27-29.

刘会珍. 2009. 鸡蛋涂膜保鲜工艺的试验研究[D]. 北京：中国农业大学.

刘静. 2013. 鲜食葡萄冷链运输监测方法研究[D]. 北京：中国农业大学.

刘美玉，连海平，彭增起，等. 2012. 温度对褐白壳鸡蛋呼吸强度及贮藏品质的影响[J]. 食品研究与开发，32（12）：105-109.

刘美玉，连海平，任发政. 2012. 不同气体配比气调包装对鸡蛋保鲜效果的影响[J]. 食品科学（33）：242-246.

刘美玉，连海平，任发政. 2011. 贮藏温度和气调包装对鸡蛋保鲜效果的影响[J].
　　农业工程学报（27）：378-382.

刘寿春，赵春江，杨信廷，等. 2012. 猪肉冷链流通温度监测与货架期决策系统研
　　究进展[J]. 食品科学（2）：301-306.

刘寿春，赵春江，杨信廷，等. 2012. 猪肉冷链流通温度监测与货架期决策系统研
　　究进展[J]. 食品科学，33（9）：301-306.

刘晓丹，谢晶. 2006. 番茄的质量因子分析及货架寿命预测[J]. 食品科技（9）：
　　65-68.

刘雪，李亚妹，刘娇，等. 2015. 基于BP神经网络的鲜鸡蛋货架期预测模型构建
　　[J]. 农业机械学报（10）：328-334.

刘源. 2012. 基于灰色预测模型的物流需求分析[J]. 物流技术（11）：59-61.

刘泽文，袁芳艳，田永祥，等. 2014. 猪变形杆菌病的研究进展[J]. 安徽农业科学
　　（12）：3578-3579.

刘钊，刘宏志. 2012. 基于PSO的食品应急物流模型的研究[J]. 北京工商大学学报
　　自然科学版，30（2）：102-109.

刘峥. 2013. 基于MVC设计模式下《图形图像处理技术》精品课程网站的设计与实
　　现[D]. 苏州：苏州大学.

罗炎斌，胡云辉. 2000. 油脂酸败及其控制[J]. 企业技术开发（7）：28-29.

罗艺. 2013. 鲜蛋清洁消毒剂中试制备工艺优化与应用研究[D]. 武汉：华中农业
　　大学.

罗自生，冯思敏，王豪辉，等. 2014. NTSPI涂膜对冷鲜草鱼块品质的影响[J]. 中
　　国食品学报，14（11）：124-128.

骆景铭. 2002. 红肉要少吃[J]. 家庭医学（3）：33.

吕玲，吴荣富. 2015. 国内外蛋品产业发展现状及消费趋势[J]. 中国家禽，37
　　（1）：46-50.

马美湖，钟凯民，袁正东，等. 2006. 蛋与蛋制品行业2006年国内外技术发展综合
　　报告[C]. 第七届中国蛋品科技大会.

孟令丽，梁成云，李官浩，等. 2008. 室温下壳聚糖及其复合涂膜保鲜剂对鸡蛋保
　　鲜效果的研究[J]. 食品科技，4（4）：223-226.

孟令丽，梁成云，李官浩，等. 2008. 室温下壳聚糖及其复合涂膜保鲜剂对鸡蛋保
　　鲜效果的研究[J]. 食品科技，4（4）：223-226.

缪小红. 2010. 基于GIS的生鲜食品冷链物流配送路径优化研究[D]. 福州：福建农

林大学.

宁欣. 2006. 禽蛋的贮藏保鲜[J]. 中国家禽，28（4）：44-47.

牛东来，冯仕彬，窦坦磊. 2010. 我国鸡蛋流通模式研究[J]. 中国物流与采购（64）：62-63.

农业部. 2009. NY/T-1758—2009，鲜蛋等级规格[M]. 北京：中国标准出版社.

农业部. 1997. SB/T-10277—1997，鲜鸡蛋[M]. 北京：中国标准出版社.

潘昊，陈杰，钟洛. 1997. BP神经网络结构与样本训练参数选取的初步探讨[J]. 湖北工学院学报，12（3）：1-4.

潘开灵，刘清泉. 2014. GIS技术在物流领域的应用研究综述[J]. 物流技术，32（5）：26-28.

潘治利，黄忠民，王娜，等. 2012. BP神经网络结合有效积温预测速冻水饺变温冷藏货架期[J]. 农业工程学报，28（22）：276-281.

彭青，侯冰，姚芬，等. 2010. pH值、温度、底物浓度对L1型金属β-内酰胺酶活性的影响[J]. 中国抗生素杂志（1）：69-71，76.

齐莉莉，王进波. 2009. 2种水产饲用蛋白酶的主要酶学性质研究[J]. 水生态学杂志（3）：73-76.

齐林，韩玉冰，张小栓，等. 2012. 基于WSN的水产品冷链物流实时监测系统[J]. 农业机械学报（8）：134-140.

祁向前. 2008. GIS空间分析功能在超市选址中的应用[J]. 测绘科学，33（6）：223-225.

岐世峰. 2009. JDBC访问数据库的优化建议[J]. 现代计算机（专业版），（11）：116-118.

钱建平，吴晓明，杨信廷，等. 2012. 基于粗糙集和WebGIS的农产品质量安全应急管理系统[J]. 农业机械学报，43（12）：123-129.

钱丽丹. 2013. WebGIS技术在名优农特产品信息管理中的应用研究[J]. 计算机时代（3）：26-31.

钱龙，崔宽波，孙丽娜，等. 2010. 不同处理对杏果实长途运输后贮藏品质的影响[J]. 中国食物与营养（9）：47-50.

乔磊，卢立新，唐亚丽，等. 2013. 酶型时间温度指示器监测冷鲜猪肉贮藏货架期[J]. 农业工程学报（13）：263-269.

邱春强，张坤生，任云霞，等. 2012. 酱卤鸡肉货架期预测的研究[J]. 食品工业科技，33（22）：351-354.

任奕林，王巧华，丁幼春，等. 2006. 鸡蛋的涂膜保鲜技术[J]. 中国家禽，28
　（24）：31-32.

尚天翠. 2011. 温度及pH条件对乳酸菌生长影响的研究[J]. 伊犁师范学院学报（自
　然科学版）（3）：32-36.

申春苗，汪良驹，王文辉，等. 2010. 近冰温贮藏对黄金梨保鲜与货架期品质的影
　响[J]. 果树学报，27（5）：739-744.

史波林，赵镭，支瑞聪. 2012. 基于品质衰变理论的食品货架期预测模型及其应用
　研究进展[J]. 食品科学，33（21）：345-350.

宋晨，刘宝林，董庆利. 2010. 冷冻食品货架期研究现状及发展趋势[J]. 食品科学
　（1）：258-261.

苏醒. 2013. 基于GIS的物流配送路径规划算法的研究[D]. 大连：大连海事大学.

孙承锋，戴瑞彤，曲富春，等. 2001. 微生物与肉类食品的腐败[J]. 肉类研究
　（1）：32-35.

孙开国. 2011. 我国禽蛋流通模式评价研究[D]. 北京：首都经济贸易大学.

孙晓明，张海妍，张松山，等. 2010. 市售鸡肉产品的食源性致病微生物检测的研
　究[J]. 肉类研究（7）：50-53.

孙彦雨，周光宏，徐幸莲. 2011. 冰鲜鸡肉贮藏过程中微生物菌相变化分析[J]. 食
　品科学（11）：146-151.

孙彦雨. 2011. 冰鲜鸡肉腐败微生物分析及其减菌剂的研究[D]. 南京：南京农业
　大学.

孙增辉，张蕾. 2011. BP人工神经网络在酥性饼干货架期寿命预测中的应用[J].
　包装工程，31（3）：16-20.

佟懿，谢晶. 2008. 时间—温度指示器响应动力学模型的研究[J]. 安徽农业科学
　（22）：9341-9343.

佟懿，谢晶. 2009. 鲜带鱼不同贮藏温度的货架期预测模型[J]. 农业工程学报，25
　（6）：301-305.

屠小娥. 2007. 基于神经网络的非线性预测控制研究[D]. 兰州：兰州理工大学.

万国锋，楼晓敏. 2013. 冷链设备无线温度监控系统的实践与探讨[J]. 中国医疗器
　械信息（3）：67-69.

万静，王光德. 2015. 聚焦畜产品安全加快畜牧业物流发展[J]. 黑龙江畜牧兽医
　（4）：44-45.

汪庭满，张小栓，陈炜，等. 2011. 基于无线射频识别技术的罗非鱼冷链物流温度

监控系统[J].农业工程学报（9）：141-146.

汪庭满. 2010. 基于RFID水产品冷链物流温度监测系统研究[D]. 北京：中国农业大学.

王成新. 2007. 品牌鸡蛋的生产与市场现状及发展趋势[J]. 中国家禽，29（3）：1-5.

王二霞，赵健. 2008. 感官评价原理及其在肉质评价中的应用[J]. 肉类研究（4）：71-74.

王欢欢，陈美玲，张雷，等. 2015. 冷鲜条件下白鸡与黄鸡肉质变化规律及对比[J]. 中国畜牧杂志，51（12）：74-79.

王家敏，王凤丽，张建喜. 2013. 冷藏车车厢微环境信息感知系统设计[J]. 物联网技术（2）：21-24.

王静怡，陈珏颖，刘合光. 2015. 中国鸡蛋消费现状和影响因素分析[J]. 农业消费展望（1）：69-71.

王明，陈明，冯国富. 2013. 基于嵌入式Web服务的水产品货架期监测系统设计[J]. 传感器与微技术，32（3）：90-95.

王鹏跃，陈忠秀，庞林江. 2014. 气调包装对椪柑贮藏及保鲜效果的影响[J]. 食品与机械，30（6）：124-127.

王晓兰，靳烨，云战友. 2006. 包装食品的货架期及其预测方法[J]. 中国供销商情（乳业导刊）（2）：35-37.

王学辉，李丹. 2008. 肉制品腐败酸败及防止措施[J]. 海军医学杂志（1）：45-46.

王勋，解万翠，陈波雷，等. 2013. 冰鲜鸡新鲜度指标及其天然保鲜剂的研究[J]. 食品研究与开发（16）：112-116.

王勋. 2012. 鸡肉腐败变质及其生物保鲜剂的研究[D]. 广州：广东海洋大学.

王亚楠，王宏勋. 2013. 卤制鸭脖中乳酸菌生长预测模型初步研究[J]. 中国酿造（6）：138-141.

王艳芳，郑华，林捷，等. 2015. 复合保鲜剂对分割生鲜鸡肉保鲜效果的优化[J]. 食品工业科技（13）：271-274，281.

王燕荣. 2007. 冷却肉保鲜包装技术的研究[D]. 重庆：西南大学.

魏静，解新安. 2009. 食品超高压杀菌研究进展[J]. 食品工业科技（6）：363-367.

吴国金，许钟，杨宪时，等. 2009. 冷却链大黄鱼货架期预报系统的开发与评估[J]. 海洋渔业，31（2）：192-198.

吴玲. 2013. 乳酸菌发酵液涂膜保鲜剂对鸡蛋保鲜效果的研究[J]. 中国食品添加剂（2）：229-232.

吴瑞梅，严霖元，乔振先. 2004. 不同品种鸡蛋新鲜度与其光特性的相关关系[J]. 江西农业大学学报，26（5）：781-784.

吴文锦，汪兰，李新，等. 2015. 冰鲜鸡肉保鲜技术的研究[J]. 食品工业（8）：91-95.

夏小龙，彭珍，刘书亮，等. 2014. 热水结合乳酸喷淋处理对屠宰生产链中肉鸡胴体微生物、理化及感官指标的影响[J]. 食品工业科技（24）：137-142.

仙鹏，傅泽田，刘雪，等. 2007. 生鲜农产品货架期预测研究进展[M]. 第一届国际计算机及计算技术在农业中的应用研讨会"暨第一届中国农村信息化发展论坛"论文集. 北京：中国农业科学技术出版社.

仙鹏. 2013. 鲜肉产品货架期决策系统研究[D]. 北京：中国农业大学.

肖静，张东杰，刘子玉，等. 2008. 我国食品冷链物流管理体系构建研究[J]. 农机化研究（7）：13-17.

肖琳琳，张凤英，杨宪时，等. 2005. 预报微生物学及其在食品货架期预测领域的研究进展[J]. 海洋渔业，27（1）：68-73.

谢晶，杨胜平. 2011. 生物保鲜剂结合气调包装对带鱼冷藏货架期的影响[J]. 农业工程学报（1）：376-382.

邢布飞，陈少玲，王彤彤，等. 2015. 北京市垃圾产生量的预测——基于三种预测模型的比较[J]. 中国集体经济（1）：78，81.

邢杰，萧德云. 2007. 有序神经网络及在阳极效应预报中的应用[J]. 控制工程（1）：27-30，33.

邢淑婕，刘开华. 2014. 竹汁联合壳聚糖对鸡蛋涂膜保鲜效果的影响[J]. 食品科技，39（2）：60-63.

邢秀芹. 2007. 微生物与肉类腐败变质[J]. 肉类研究（7）：14-15.

熊振海，马晨晨. 2014. 冷却牛肉货架期及微生物多样性分析[J]. 食品质量安全检测学报，5（7）：2109-2113.

修琳. 2007. 不同温度下鸡肉新鲜度指标的研究[D]. 长春：吉林大学.

徐静. 2013. Java编程的两条技术路线[J]. 黑龙江气象（3）：38.

徐丽敏，马万太，朱银龙，等. 2013. 基于物联网的冷鲜肉冷链物流信息采集及监控系统[J]. 电子产品世界（6）：45-47.

徐幸莲，王鹏，汤晓艳，译. 2013. Owens C M，Alvarado C Z，Sams A R著. 禽肉加工[M]. 北京：中国农业大学出版社.

许颖. 2012. 基于GPRS的远程温度监测系统[D]. 杭州：浙江工业大学.

许钟, 杨宪时, 郭全友, 等. 2005. 波动温度下罗非鱼特定腐败菌生长动力学模型和货架期预测[J]. 微生物学报, 45 (5): 798-801.

闫一凡, 刘建立, 张佳宝. 2014. 耕地地力评价方法及模型分析[J]. 农业工程学报, 30 (5): 204-210.

燕海峰, 田国强, 李文革. 2007. ^{60}Co-C射线对食用蛋保鲜和种蛋胚胎发育致弱作用的研究[J]. 激光生物学报, 16 (4): 464-464.

杨东群, 钟钰, 刘合光, 等. 2013. 世界蛋鸡主产国鸡蛋生产、贸易现状及发展趋势[J]. 中国家禽, 35 (18): 57-60.

杨佳, 钱会. 2015. 时间序列分析在地下水位动态预测中的应用[J]. 水资源与水工程学报 (1): 58-62.

杨瑞, 李洋, 吕文超. 2004. 城市干路交通流实施混沌智能控制方法的研究[J]. 林业机械与木工设备 (10): 22-23.

杨胜平, 谢晶, 高志立, 等. 2013. 冷链物流过程中温度和时间对冰鲜带鱼品质的影响[J]. 农业工程学报 (24): 302-310.

杨宪时, 姜兴为, 李学英, 等. 2011. 伽马辐照对冰藏大黄鱼品质和货架期的影响[J]. 农业工程学报 (2): 376-381.

杨宪时, 许钟, 郭全友. 2006. 养殖鱼类货架期预测系统的设计与评估[J]. 农业工程学报, 22 (8): 129-134.

杨信廷, 钱建平, 范蓓蕾, 等. 2011. 农产品物流过程追溯中的智能配送系统[J]. 农业机械学报, 42 (5): 125-130.

杨亚洲, 强洪波, 刘艳峰. 2009. Java数据库操作技术的研究[J]. 科技资讯 (32): 14.

杨延西, 刘丁. 2005. 基于小波变换和最小二乘支持向量机的短期电力负荷预测[J]. 电网技术, 29 (13): 60-64.

杨占虎, 吴丽英. 2012. 浅谈鸡蛋生产的品质与效益关系[J]. 中国畜牧兽医文摘, 28 (9): 39.

叶藻, 谢晶, 高磊. 2015. 工厂实测冷鲜鸡冷却贮藏过程品质的变化[J]. 食品工业科技 (19): 332-335+342.

易鸿杰, 李平. 2014. 基于AHP与广义最短距离的GIS选址方法[J]. 城市勘测, 10 (5): 66-69.

于滨, 王喜波. 2012. 鸡蛋贮藏过程中品质变化的动力学模型[J]. 农业工程学报, 28 (15): 276-280.

于德新，杨薇，杨兆升. 2011. 重大灾害条件下基于GIS的最短路径改进算法[J]. 交通运输工程学报，11（4）：123-126.

余群莲，鲁兴容，黄明发，等. 2013. 浅析屠宰环节对冷鲜肉保水性的影响[J]. 肉类工业（10）：33-35.

余亚英，袁唯. 2007. 食品货架期概述及其预测[J]. 中国食品添加剂（5）：77-79.

袁小龙，高婧娴，杜颖，等. 2014. 气调储藏中不同平衡气体对鸡蛋保鲜品质的影响[J]. 食品工业科技，2（35）：300-307.

翟文鹏. 2012. 基于负荷预测和设定点优化的制冷系统模型预测控制方法研究[D]. 天津大学.

张丑宏. 2006. 基于灰色理论的矿井自然发火预测模型及应用[J]. 山西煤炭（2）：33-35.

张家瑞，张塑. 2011. 北京市肉类食品冷链物流现状分析及改进策略[J]. 物流技术，30（7）：79-81.

张建军，杨艳玲. 2013. 我国农产品冷链物流发展现状及发展趋势研究[J]. 物流科技（2）：102-105.

张金虎. 2012. 电力设备信息的可视化展示[D]. 保定：华北电力大学.

张立奎，陆兆新，汪宏喜. 2004. 鲜切生菜在贮藏期间的微生物生长模型[J]. 食品与发酵工业（2）：107-110.

张利平，谢晶. 2012. Arrhenius方程结合特征指标在蔬菜货架期预测中的应用[J]. 食品与机械，28（2）：163-168.

张锐，王燕，王以忠，等. 2013. 基于ZigBee的冷链温度监测系统的研究[J]. 保鲜与加工（3）：12-16.

张瑞荣. 2011. 中国肉鸡产品国际贸易研究[D]. 北京：中国农业科学院.

张士前. 2012. 基于RFID与WebGIS的新疆特色农产品质量溯源系统的设计——以阿克苏苹果为例[D]. 乌鲁木齐：新疆农业大学.

张席洲，龚奇才. 2005. 基于GIS的物流中心选址[J]. 物流技术（10）：249-252.

张小栓，邢少华，傅泽田，等. 2011. 水产品冷链物流技术现状、发展趋势及对策研究[J]. 渔业现代化（3）：45-49.

张娅妮，陈洁，陈蕴光，等. 2007. 机械式冷藏车中货物装载间隙对厢内温度场的影响[J]. 制冷与空调（4）：101-104，41.

张永明，孙晓蕾. 2008. 鸡肉的营养价值与功能[J]. 肉类工业（8）：57+32.

张玉华，侯成杰，孟一. 2011. 鸡蛋物流过程中品质变化规律研究[J]. 食品科技，

36（9）：50-53.

赵精晶. 2013. 冰鲜鸡肉中奇异变形杆菌生长预测模型的建立[D]. 北京：中国农业大学.

赵精晶. 2013. 冰鲜鸡肉中奇异变形杆菌生长预测模型的建立[D]. 北京：中国农业大学.

赵镭，刘文，汪厚银. 2008. 食品感官评价指标体系建立的一般原则与方法[J]. 中国食品学报（3）：121-124.

赵立，屠康，潘磊庆. 2004. 不同处理对绿壳鸡蛋保鲜效果的研究[J]. 食品工业科技，11（25）：69-71

赵梦莹，刘雪，张领先，等. 2013. 鸡蛋货架期的研究进展与展望[J]. 食品工业科技，34（5）：376-379.

赵梦莹. 2013. 基于BP人工神经网络的禽蛋货架期预测研究[J]. 北京：中国农业大学.

赵耀军. 2012. 时间序列分析[J]. 山西冶金（6）：56-58.

赵长青，傅泽田，刘雪，等. 2010. 食品冷链运输中温度监控与预警系统[J]. 微计算机信息（17）：27-28.

郑长山，李茜. 2013. 土鸡蛋生产现状及发展趋势[J]. 家禽科学（11）：5-6.

周光宏，彭增起，徐幸莲. 2006. 肉品科学研究进展[J]. 中国农业科技导报（3）：1-10.

周林，夏联双. 2012. ZigBee无线传感网温度监测系统设计[J]. 信息技术（5）：88-91.

周仁游. 2014. 基于无线传感网络的水产品保活运输监测系统设计与实现[D]. 北京：中国农业大学.

周仲芳，游洪，王彭军，等. 2008. RFID技术在活猪检验检疫监督管理中的应用研究[J]. 农业工程学报（2）：241-245.

朱佳廷，冯敏，刘春泉，等. 2012. 高剂量辐照对鸡肉脯主要营养成分的影响[J]. 江苏农业学报（2）：426-430.

朱宁，高堃，马骥. 2012. 北京市城镇居民鸡蛋消费影响因素的实证分析[J]. 中国食物与营养，18（1）：45-48.

朱英莲，李远钊，张培正，等. 2007. 温度生长预测模型在大肠杆菌O157：H7控制中的应用[J]. 食品科学（3）：183-187.

Abad E，Palacio F，Nuin M，et al. 2009. RFID smart tag for traceability and cold chain monitoring of foods：Demonstration in an intercontinental fresh fish logistic chain[J]. Journal of food engineering, 93（4）: 394-399.

Adaro D, Tuskegee H. 2007. Real-time PCR assay for rapid detection and quantification of Campylobacter jejune on chicken rinses from poultry processing plant[J]. Molecular and Cellular Probes, 1（21）: 177-181.

Adu-Gyamfi A, Nketsia-Tabiri J, Bah F A. 2008. Radiosensitivities of bacterial isolates on minced chicken and poached chicken meal and their elimination following irradiation and chilled storage[J]. Radiation Physics and Chemistry, 77（2）: 174-178.

Aggarwal, B S. 2008. Growth in shell eggs packed in modified atmosphere packaging [D]. Texas . Texas Tech University.

Al-Nehlawi A, Saldo J, Vega L F, et al. 2013. Effect of high carbon dioxide atmosphere packaging and soluble gas stabilization pre-treatment on the shelf-life and quality of chicken drumsticks[J]. Meat Sci, 94（1）: 1-8.

Alzoreky N S, Nakahara K. 2003. Antibacterial activity of extracts from some edible plants commonly consumed in Asia[J]. International Journal of Food Microbiology, 80（3）: 223-230.

Anang D M, Rusul G, Bakar J, et al. 2007. Effects of lactic acid and lauricidin on the survival of Listeria monocytogenes, Salmonella enteritidis and Escherichia coli O157: H7 in chicken breast stored at 4℃. Food Control, 18（8）: 961-969.

Aydin R. 2006. Effect of storage temperature on the quality of eggs from conjugated linoleic acid-fed laying hens[J]. South African Society for Animal Science, 36（1）: 13-19.

Aymerich T, Picouet P A, Monfort J M. 2008. Decontamination technologies for meat products[J]. Meat Science, 78（1–2）: 114-129.

Ayres J C. 1960. Temperature Relationships and Some Other Characteristics of The Microbial Flora Developing on Refrigerated Beef[M] . Journal of Food Science（25）: 1–18.

Balamatsia C C, Rogga K, Badeka A, et al. 2006. Effect of Low-Dose Radiation on Microbiological, Chemical, and Sensory Characteristics of Chicken Meat Stored Aerobically at 4℃[J]. Journal of Food Protection, 69（5）: 1126-1133.

Balamatsia C, Patsias A, Kontominas M, et al. 2007. Possible role of volatile amines as quality-indicating metabolites in modified atmosphere-packaged chicken fillets:

Correlation with microbiological and sensory attributes[J]. Food Chemistry, 104 (4): 1622-1628.

Baranyi J, Tamplin M L. 2004. ComBase: a common database on microbial responses to food environments. [J]. Journal of Food Protection, 67 (67): 1967-71.

Berardinelli A, Donati V, Giunchi A, et al. 2003. Effects of Transport Vibrations on Quality Indices of Shell Eggs[J]. Biosystems Engineering, 86 (4): 495-502.

Bhale S, No H K., Prinyawiwatkul W, et al. 2003. Chitosan Coating Improves Shelf Life of Eggs[J]. Journal of food science, 68 (7): 2378-2383.

Biladeau A M, Keener K M. 2009. The effects of edible coatings on chicken egg quality under refrigerated storage[J]. Poultry Science (88): 1266-1245.

Bobelyn E, Hertog M L, Nicolaï B M. 2006. Applicability of an enzymatic time temperature integrator as a quality indicator for mushrooms in the distribution chain[J]. Postharvest Biology and Technology, 42 (1): 104-114.

Bornstein S, Lipstein B, Nahari U. 1962. Studies on Thermostabilization of Shell Eggs[J]. Poultry Science, 41 (4): 1196-1201.

Brizio A P D R, Prentice C. 2014. Use of smart photochromic indicator for dynamic monitoring of the shelf life of chilled chicken based products. [J]. Meat Science, 96 (3): 1219-1226.

Bruckner S, Albrecht A, Petersen B, et al. 2013. A predictive shelf life model as a tool for the improvement of quality managementin pork and poultry chains[J]. Food Control, 29 (2): 451-460.

Caner C. 2005. The effect of edible eggshell coatings on egg quality and consumer perception[J]. Journal of the Science of Food and Agriculture (85): 1897-1902.

Chouliara E, Karatapanis A, Savvaidis I N, et al. 2007. Combined effect of oregano essential oil and modified atmosphere packaging on shelf-life extension of fresh chicken breast meat, stored at 4℃[J]. Food Microbiology, 24 (6): 607-617.

Chunqiao Mi, Jianyu Yang, Shaoming Li, et al. 2010. Prediciton of accumulated temperature in vegetation period using artificial neural network [J]. Mathematical and Computer Modelling (51): 1453-1460.

Curtis P A, Anderson K E, Jones. 1995. F. T. Cryogenic gas for rapid cooling of commercially processed shell eggs before packaging[J]. Journal of Food Protection (58): 389-394.

Daud H B，Mcmeekin T A，Olley J. 1978. Temperature function integration and the development and metabolism of poultry spoilage bacteria. [J]. Applied & Environmental Microbiology，36（5）：650–654.

Economou T，Pournis N ，Ntzimani A，et al. 2009. Nisin–EDTA treatments and modified atmosphere packaging to increase fresh chicken meat shelf-life[J]. Food Chemistry，114（4）：1470-1476.

Gacula M C，Kubala J J. 1975. Statistical models for shelf life failures [Food industry]. [J]. Journal of Food Science.

Galindo FG，Rocculi P，Wadsö L，et al. 2005. The potential of isothermal calorimetry in monitoring and predicting quality changes during processing and storage of minimally processed fruits and vegetables[J]. Trends in Food Science& Technology，16（8）：325-331.

Giannakourou M C，Taoukis P S. 2003. Kinetic modelling of vitamin C loss in frozen green vegetables under variable storage conditions[J]. Food Chemistry，83（1）：33-41.

González-Fandos E，Dominguez J L. 2007. Effect of potassium sorbate washing on the growth of Listeria monocytogenes on fresh poultry[J]. Food Control，18（7）：842-846.

Gross S，ohne A，Adolphs J，et al. 2015. Salmonella in table eggs from farm to retail e When is cooling required? [J]. Food Control（47）：254-263.

Hasapidou A，Savvaidis I N. 2011. The effects of modified atmosphere packaging，EDTA and oregano oil on the quality of chicken liver meat[J]. Food Research International，44（9）：2751-2756.

Haugh R R. 1937. The haugh unit for measuring egg quality[J]. US Egg Poultry Magazine（43）：552- 555.

Hough G，Garitta L，Gómez G. 2006. Sensory shelf-life predictions by survival analysis accelerated storage models[J]. Food Quality and Preference，17（6）：468-473.

http：//www. merriam-webster. com/dictionary/shelf%20life

Isabelle L，André L. 2006. Quantitative prediction of microbial behaviour during food processing using an integrated modelling approach：a review[J]. International Journal of Refrigeration，29（6）：968-984.

Ivanova, I, Ivanov G, Shikov V, et al. 2014. Analytical Method for Differentiation of Chilled and Frozen-Thawed Chicken Meat [J]. Acta Universitatis Cibiniensis. Series E: Food Technology, 18（2）: 43-53.

Xue J, Zhang S, Sun H et al. 2012. Near-infrared spectroscopy test of the prediction of Malusasiatica flesh firmness in shelf life[J], Mathematical and Computer Modelling. 2013, doi: 10. 1016/j. mc m. 12. 021.

Kanatt S R, Chawla S P, Chander R, et al. 2006. Development of shelf-stable, ready-to-eat（RTE）shrimps（Penaeus indicus）using γ-radiation as one of the hurdles[J]. LWT-Food Science and Technology, 39（6）: 621-626.

Kanatt S R, R Chander, Sharma A. 2005. Effect of radiation processing on the quality of chilled meat products[J]. Meat Science, 69（2）: 269-275.

Keener K M, LaCrosse J D, Curtis P A, et al. 2000. The influence of rapid air cooling and carbon dioxide cooling and subsequent storage in air and carbon dioxide on shell egg quality [J]. Poult. Sci.（79）: 1067~1071.

Khanjari A, Karabagias I K, Kontominas M G. 2013. Combined effect of N, O-carboxymethyl chitosan and oregano essential oil to extend shelf life and control Listeria monocytogenes in raw chicken meat fillets[J]. LWT - Food Science and Technology, 53（1）: 94-99.

Kim E, Choi D Y, Kim H C, et al. 2013. Calibrations between the variables of microbial TTI response and ground pork qualities[J]. Meat science, 95（2）: 362-367.

Koutsoumanis K, Giannakourou M C, Taoukis P S, et al. 2002. Application of shelf life decision system（SLDS）to marine cultured fish quality[J]. International Journal of Food Microbiology（73）: 375-382.

Koutsoumanis K, Giannakourou M C, Taoukis P S, et al. 2002. Application of shelf life decision system（SLDS）to marine cultured fish quality[J]. International Journal of Food Microbiology（73）: 375-382.

Labuza T P, Saltmarch M. 1978. The nonenzymatic browning reaction as affected by water in foods [Shelf life of food products]. [J]. Water activity: Influences on food quality : a treatise on the influence of bound and free water on the quality and stability of foods and other natural products.

Latou E, Mexis S F, Badeka A V, et al. 2014. Combined effect of chitosan and modified atmosphere packaging for shelf life extension of chicken breast fillets[J]. LWT - Food Science and Technology（55）：263–268.

Leistner L, Gorris L G M. 1995. Food preservation by hurdle technology[J]. Trends in Food Science and Technology（No. 2）.

Liu X D, Jang A, Kim D. H et al. 2009. Effect of combination of chitosan coating and irradiation on physicochemical and functional properties of chicken egg during room-temperature storage[J]. Radiation Physics and Chemistry，（78）：589–591.

Lukasse L J S, Polderdijk J J. 2003. Predictive modelling of post-harvest quality evolution in perishables, applied to mushrooms[J]. Journal of Food Engineering, 59（2）：191-198.

Menezes P C, Cavalcanti V F T, Lima E R, et al. 2009. Productive and economical aspects of laying hens submitted to different housing densities[J]. Revista Brasileira de Zootecnia, 38（11）：2224-2229.

Meredith H, Valdramidis V, Rotabakk B T, et al. 2014. Effect of different modified atmospheric packaging（MAP）gaseous combinations on Campylobacter and the shelf-life of chilled poultry fillets[J]. Food Microbiology, 44（10）：196-203.

Monica G, Rosalia F, Daniele N. 2012. Antioxidant addition to prevent lipid and protein oxidation in chicken meat mixed with supercritical extracts of Echinacea angustifolia. [J]. Journal of Supercritical Fluids. .

Moody J O, Antsaklis P J. 1996. The dependence identification neural network construction algorithm[J]. IEEE Transactions on Neural Network, 7（1）：3-15.

Nielsen B R, Stapelfeldt H, Skibsted L H. 1997. Early prediction of the shelf-life of medium-heat whole milk powders using stepwise multiple regression and principal component analysis[J]. International Dairy Journal, 7（5）：341-348.

Nychas George-John E, Skandamis P N, Tassou C C, et al. 2008. Meat spoilage during distribution[J]. Meat Science, 78（1–2）：77-89.

Pasquali F, Manfreda G, Olivi P, et al. 2012. Modified-atmosphere packaging of hen table eggs：Effects on pathogen and spoilage bacteria[J]. Poultry Science（91）：3253-3259.

Patsias A, Badeka A V, Savvaidis I N et al. 2008. Combined effect of freeze chilling and MAP on quality parameters of raw chicken fillets. Food Microbiol, 25（4）：

575-581.

Patsias A, Chouliara I, Badeka A, et al. 2006. Shelf-life of a chilled precooked chicken product stored in air and under modified atmospheres: microbiological, chemical, sensory attributes[J]. Food Microbiology, 23 (5) : 423-429.

Paul V, Pandey R. 2011. Role of internal atmosphere on fruit ripening and storability—a review [J]. Journal of Food Science and Technology, 51 (7) : 1223-1250.

Qi L, Xu M, Fu Z. T, et al. 2014. C2SLDS: A WSN-based perishable food shelf-life prediction and LSFO strategy decision support system in cold chain logistics[J]. Food Control (38) : 19-39.

Qi L, Xu M, Fu Z. T, et al. 2014. C2SLDS: A WSN-based perishable food shelf-life prediction and LSFO strategy decision support system in cold chain logistics[J]. Food Control (38) : 19-39.

R. Cadwallader K, Hugoweenen. 2003. Freshness and Shelf Life of FoodsM. USA: An American Chemical Society Publication, 35-38.

Robert Hecht-Nielsen. 1989. Theory of the Back propagation Neural Network [J]. International Joint Conference on Neural Networks (1) : 593-605.

Rocculi P, Cocci E. , Sirri F, et al. 2011. Rosa. Modified atmosphere packaging of hen table eggs: Effects on functional properties of albumen [J]. Poult. Sci (90) : 1791-1798.

Rocculi P, Tylewicz U, Pekoslawska A, et al. 2009. M. Rosa. MAP storage of shell hen eggs, Part 1: Effect on physico-chemical characteristic of the fresh product[J]. LWT-Food Sci Technol (42) : 758-762.

Rodríguez-Calleja J M, Cruz-Romero M C, O'Sullivan M G, et al. 2012. High-pressure-based hurdle strategy to extend the shelf-life of fresh chicken breast fillets[J]. Food Control, 25 (2) : 516-524.

Rukchon C, Nopwinyuwong A, Trevanich S, et al. 2014. Development of a food spoilage indicator for monitoring freshness of skinless chicken breast[J]. Talanta, 130 (5) : 547-554.

Shorten P R, Membré J M, Pleasants A B, et al. 2004. Partitioning of the variance in the growth parameters of Erwinia carotovora on vegetable products[J]. International Journal of Food Microbiology, 93 (2) : 195-208.

Siripatrawan U, Jantawat P. 2008. A novel method for shelf life prediction of a packaged moisture sensitive snack using multilayer perceptron neural network[J]. Expert Systems with Applications, 34（2）: 1562-1567.

Suppakul P, Jutakorn K, Bangchokedee Y. 2010. Efficacy of cellulose-based coating on enhancing the shelf life of fresh eggs[J]. Journal of Food Engineering（98）: 207–213.

Thomas C J, McMeekin T A. 1980. Contamination of broiler carcass skin during commercial processing procedures: an electron microscopic study[J]. Applied and Environmental Microbiology, 40（1）: 133-144.

Vaikousi H, Biliaderis C G, Koutsoumanis K P. 2009. Applicability of a microbial Time Temperature Indicator（TTI）for monitoring spoilage of modified atmosphere packed minced meat[J]. International Journal of Food Microbiology, 133（3）: 272-278.

Waldroup A L. 1996. Contanmination of raw poultry with pathogens, W. Poult. Sci., （52）: 7.

Walsh T J, Rizk R E, Brake J. 1995. Effects of temperature and carbon dioxide on albumen characteristics, weight loss, and early embryonic mortality of long stored hatching eggs[J]. Poultry Science（74）: 1403–1410.

Wee-kit, Ahbrid. 2001. Search Algorithm For The Vehicle Routing Problem with Time Windows[J].International Journal on Artificial Intelligence Tools, 3（10）: 431-449.

Whiting R C, Buchanan R L. 1993. A classification of models for predictive microbiology[J]. Food Microbiology, （10）: 175-177.

Wong W K, Yuen C W M, Fan D D, et al. 2009. Stitching defect detection and classification using wavelet transform and BP neural network[J]. Expert Systems with Applications（36）: 3845–3856.

Xiong Z, Xie A, Sun D W, et al. 2015. Applications of hyperspectral imaging in chicken meat safety and quality detection and evaluation: a review [J]. Crit Rev Food Sci Nutr, 55（9）: 1287-1301.

Yahia, Elhadi M. 2009. Modified and controlled atmospheres for the storage, transportation, and packaging of horticultural commodities. CRC press.

Yan B, Lee D. 2009. Application of RFID in cold chain temperature monitoring system[C]//Computing, Communication, Control, and Management, 2009. CCCM 2009. ISECS International Colloquium on. IEEE, （2）: 258-261.

Zeitoun A A M, Debevere J M. 1992. Decontamination with lactic acid/sodium lactate buffer in combination with modified atmosphere packaging effects on the shelf life of fresh poultry[J]. International Journal of Food Microbiology, 16（2）: 89-98.